贝叶斯学习理论
及其在阵列信号处理中的应用

杨 杰 著

西北工業大學出版社

西 安

【内容简介】 机器学习作为当今国内外研究的热点在智能系统中得到了重视和运用，贝叶斯方法是机器学习的核心方法之一，以贝叶斯理论作为中心的贝叶斯网络必将应用延伸到各个问题领域。本书介绍了贝叶斯网络的学习推理过程及其在阵列信号处理中的应用，主要内容包括独立及相关信号高分辨测向算法稀疏先验模型设计、高自由度阵列欠定方位估计算法设计以及贝叶斯稳健波束形成器设计等。

本书既可作为高等学校信号与信息处理专业的研究生教材，也可供科研院所的工程技术人员参考。

图书在版编目(CIP)数据

贝叶斯学习理论及其在阵列信号处理中的应用/ 杨杰著. -- 西安 ：西北工业大学出版社，2024.7.

ISBN 978-7-5612-9373-7

Ⅰ. TN911.7

中国国家版本馆 CIP 数据核字第 2024EQ4800 号

BEIYESI XUEXI LILUN JIQI ZAI ZHENLIE XINHAO CHULI ZHONG DE YINGYONG

贝 叶 斯 学 习 理 论 及 其 在 阵 列 信 号 处 理 中 的 应 用

杨杰　著

责任编辑：朱辰浩　　策划编辑：梁　卫

责任校对：郭军方　　装帧设计：高永斌　李　飞

出版发行：西北工业大学出版社

通信地址：西安市友谊西路 127 号　　邮编：710072

电　　话：(029)88491757，88493844

网　　址：www.nwpup.com

印 刷 者：西安五星印刷有限公司

开　　本：720 mm×1 020 mm　　1/16

印　　张：10.375

字　　数：203 千字

版　　次：2024 年 7 月第 1 版　　2024 年 7 月第 1 次印刷

书　　号：ISBN 978-7-5612-9373-7

定　　价：58.00 元

前　言

阵列信号处理是将若干个传感器布置在空间不同位置，组成传感器阵列采集空间场数据，然后采用相应算法对接收的阵列数据进行处理，获得有用信息的技术，目前已在雷达、声呐、无线通信等领域得到广泛应用。鉴于贝叶斯方法的多级概率结构能够消除不同信号分量之间的耦合，可以较好地保留各信号分量的局部特征，因此该方法自提出以来即成为阵列信号处理领域的研究热点。本书围绕阵列信号处理中的波达方向估计和波束形成这两大基本任务，着重针对贝叶斯分层概率模型优化、低复杂度隐变量推断算法设计等问题开展研究。

本书分为7章。第1章介绍阵列信号处理及贝叶斯机器学习的研究背景和发展概况。第2章针对稀疏阵列可分辨信源数受限于物理阵元数的问题，介绍在贝叶斯框架内如何利用期望最大化思想重构出稀疏阵列中缺失阵元的接收信号的方法，以及如何结合稀疏阵的相关域数据和稀疏诱导先验，加快贝叶斯测向流程收敛速度的方法，所提算法在可分辨信源数和测向精度方面均有较大提高。第3章设计自适应Lasso先验模型以提高测向结果的稀疏度，该模型由拉普拉斯分布和伽马分布两层先验概率合成，为解决此分层概率模型中由非共轭分布对引起的推断中止问题，引入局域变分技术，通过不断优化后验分布的下界使似然函数最大化，算法收敛后还通过一维的角度精搜操作克服空域离散误差引起的测向精度下降问题。第4章提出一种新的稀疏贝叶斯测向算法以增强此类算法在相关信号环境中的稳健性。该算法的第一个创新点在于建立了分层模型以合成自适应Lasso先验，即分别利用拉普拉斯分布和伽马分布作为稀疏信号向量和超参数向量的先验分布函数。该先验模型在减小重构误差和提高重构稀疏度方面具有优势。第二个创新点为笔者通过对边缘似然函数进行最大化的技术手段得到细化的DOA估计结果，以消除传统稀疏测向算法中由稀疏表示基失配引起的格点误差。第5章针对色噪声背景下相干信号的DOA估计问题，分别设计混合高斯先验和Wishart先验以表征信号系数矩阵与噪声精度矩阵的统计特性，该分层概率模型能精确描述接收数据的内在结构特征，与传统贝叶斯测向算法相比，在提高信号稀疏重构精度方面具有明显优势。此外，变分推断算法的引入也使得离格误差与噪声精度等模型参数能够随信号方位同步更新。第6章将贝叶斯机器学习理论应用于解决波束形成领域中的平稳/非平稳干扰抑制这两大关键问题，为达到此目标，引入依赖于入射信号方位的Watson分布实现对期望信号导向矢量的精确概率建模，随后针对干扰和噪声成分设计与真实模型相吻合的先验分布，并利用局域变分推断技术对概率参数进行估计，以获得比传统概率采样方法更高的计算效率。此外，提出综合利用不同模型所得观测数据提取感兴趣目标信息的非参数化贝叶斯联合重构方法，以根据干扰方位的时变特性对其进行自动聚类（类别属性由狄利克雷过程中的混合因子标识）。第7章对全书内容进行总结。

本书内容是笔者在阵列信号处理领域研究工作的一个阶段性小结。在本书出版之际，特别感谢杨益新教授在课题研究与文稿整理等方面提供的大力支持。此外，还要特别感谢西北工业大学航海学院“海洋观测与探测”团队领导的关怀与帮助。笔者写作本书时曾参阅了本学科相关文献资料，在此，谨向其作者深表谢忱。

由于笔者水平有限，加之这一领域仍处于迅速发展之中，书中不妥之处在所难免，敬请读者批评指正。

著　者

2024年4月

插图索引

表格索引

缩略语对照表

缩略语	英文全称	中文对照
DOA	Direction-of-Arrival	波达方向
MUSIC	Multiple Signal Classification	多重信号分类算法
ESPRIT	Estimation of Parameters by Rotational Invariant Techniques	旋转不变参数估计算法
NLS	Nonlinear Least Squares	非线性最小方差
AP	Alternating Projection	交替投影算法
SOI	Signal-of-Interest	感兴趣信号
DAS	Delay-and-Sum	时延相加算法
SCB	Standard Capon Beamformer	标准 Capon 波束形成算法
RIP	Restricted Isometry Property	限制等容性
GSM	Gaussian Scale Mixture	高斯量化混合
MSBL	Multiple response Sparse Bayesian Learning	多响应稀疏贝叶斯学习算法
BPDN	Basis Pursuit De-Noising	解噪基追踪算法
MAP	Maximum A Posteriori	最大后验
HSL	Hierarchical Synthesis Lasso	分层合成 Lasso
ULA	Uniform Linear Arrays	均匀线列阵
NLA	Nonuniform Linear Arrays	非均匀线列阵
SS-MUSIC	Spatial Smoothing-based MUSIC	空间平滑 MUSIC 算法
DOF	Degrees-of-Freedom	自由度
SBL	Sparse Bayesian Learning	稀疏贝叶斯学习
EM	Expectation Maximization	期望最大化算法
ML	Maximum Likelihood	最大似然算法
CS	Compressed Sensing	压缩感知

续表

缩略语	英文全称	中文对照
SURE-IR	Super-Resolution Iterative Reweighted	超分辨迭代重加权算法
LL	Log-Likelihood	对数似然
SMV	Single Measurement Vector	单测量矢量
MMV	Multiplt-Measurement-Vector	多测量矢量
MVDR	Minimum Variance Distortionless Response	最小方差无失真响应
SINR	Signal-to-Interference-plus-Noise Ratio	信干噪比
INC	Interference-plus-Noise-Covariance	干扰＋噪声协方差矩阵
RAB	Robust Adaptive Beamforming	稳健自适应波束形成
LCMV	Linearly Constrained Minimum Variance	线性约束最小方差
SQP	Sequential Quadratic Program	连续二次规划
SPSS	Spatial Power Spectrum Sampling	空间功率谱采样
CMT	Covariance Matrix Taper	协方差矩阵锥化
DDCs	Data-dependent Derivative Constraints	数据依赖的微分约束
EP	Eigenvector Projection	特征向量投影算法
LSMI	Loaded Sample Matrix Inversion	加载采样协方差矩阵求逆算法
MMSE	Minimum Mean Square Error	最小均方误差
DP	Dirichlet Process	狄利克雷过程

目　　录

第1章 绪 论

阵列信号处理模块是现代声呐、雷达、医疗影像、语音处理及无线通信系统的重要组成部分[1-9]。阵列信号处理的主要目标是从由空间分布的阵元(如电磁天线、麦克风或水听器等)组成的阵列观测到的数据中估计出未知的信号参数。在雷达和声呐系统中,传感器阵列被用来估计飞机、导弹或水雷等目标的位置、方位、距离或速度信息[4-6, 10]。在医学成像和语音处理领域,传感器阵列被用来接收某特定方向的入射信号以增强语音或图像测量值的质量,或同时收集多个测量值以提高系统容量[7, 8]。阵列信号处理也是第五代无线通信系统的核心,换言之,天线阵列的引入会使得通信系统容量得以极大提高,进而带来对信道干扰及衰减的抑制能力的提升,以及空间分集增益的获得(通过应用空分多址及多路复用技术)[9]。其他关于阵列信号处理应用领域的介绍可在文献[11]中获得。

近年来,国内外学者在从传热学[12]到水声学[13]的广泛学科领域对贝叶斯方法的具体应用进行了深入研究。利用贝叶斯方法进行模型选择提供了一种从有限背景信息中估测其余未知感兴趣信息的不确定度的技术手段[14]。贝叶斯方法在阵列信号处理领域的波达方向(Direction-of-Arrival, DOA)估计和波束形成等分支的应用也日益普遍[15, 16]。这方面比较新颖的工作为 Escolano 等人将贝叶斯推断与空域稀疏采样的结合。他们利用一个阵元数目仅为 2 的麦克风阵列即可实现高精度的 DOA 估计[17],并提出根据最大的贝叶斯模型证据自动确定信源数目的方法。

下面,笔者对本书所涉及的 DOA 估计、自适应波束形成、稀疏信号重构及稀疏贝叶斯学习等理论作以简要介绍,并厘清本书的组织架构。

1.1 DOA 估计

DOA 估计指的是从阵列接收天线采集到的电磁/声波信号中提取出信源方位信息的过程。DOA 估计是阵列信号处理领域关注的一类基本问题,并已在雷达、声呐、无线通信等场景中得到广泛应用。

对DOA估计方法的研究已有较长的历史。最早的DOA估计方法可追溯到第二次世界大战时期出现的常规波束形成(亦被称为Bartlett波束形成)方法。该方法仅利用傅里叶谱对空域采样数据进行分析。此后有学者提出Capon波束形成算法以提高对空域邻近信号的分辨能力[18]。自从1973年Pisarenko发现可从接收数据的二阶统计量中提取DOA信息之后[19],便有以多重信号分类算法(Multiple Signal Classification, MUSIC)和旋转不变参数估计算法(Estimation of Parameters by Rotational Invariant Techniques, ESPRIT)为代表的子空间类高分辨DOA估计算法被国外学者所提出[20,21]。另一类典型的DOA估计算法为非线性最小方差(Nonlinear Least Squares, NLS)算法(亦被称为最大似然估计算法)。笔者建议读者通过阅读文献[22,23]厘清DOA估计算法的发展脉络。然而,上述算法均有其局限。具体来说,子空间类算法和NLS算法均须预知信源数目的先验信息,而此信息在实际应用场景中不易获得。Capon波束形成算法、MUSIC算法和ESPRIT算法是基于信号二阶统计信息而推导出的,因此这些算法需要收集足够多的数据快拍以精确估计协方差矩阵。此外,由于信号的相关性会导致采样协方差矩阵秩亏损现象的产生,因此,这些算法也无法适用于相关信号环境。NLS算法还对参数初始值的设置非常敏感,因为该算法的目标函数存在多个局部极小点,若初始值设置不当,则无法保证算法收敛至全局极小点。

最大似然(Maximum Likelihood, ML)估计算法是另一类比较常见的高分辨DOA估计算法,这类算法在低信噪比(SNR)与相干信号环境下的测向精度均远优于子空间类算法。此外,无须预知噪声方差或选取用户参数是ML算法的又一显著优势。ML算法面临的主要问题为运算复杂度高,不利于工程实现。随着高性能数字处理硬件设备的出现,DOA估计技术的发展趋势为设计高效的ML测向技术的数值求解方法。目前,已有多种旨在降低ML算法高运算复杂度的思路被提出。这些改进算法大致可分为三类,即序贯最大化算法、梯度算法和随机网格搜索算法。第一类算法包括交替投影(Alternating Projection, AP)算法[24]和期望最大化(Expectation Maximization, EM)算法[25]。这一类算法将多维搜索过程转换为一系列一维搜索过程。文献[24]已通过大量仿真实验证明AP算法总会收敛至目标函数的全局极大值。然而,AP算法的搜索方位随所选取的优化变量而变化,且该算法未能有效利用似然函数的局域信息(如梯度和Hessian矩阵),因此在某些特定工程问题中该算法无法应用。梯度算法虽克服了上述缺点,但若测向问题的似然函数不是单峰函数,则当该算法在初值选取不当时,全局收敛性无法得到保证。梯度算法的典型代表包括牛顿算法[26]和

IQML 算法[27]。现有的梯度算法多基于窄带信号和均匀线列阵(Uniform Linear Array, ULA)模型而设计,然而,在实际应用环境(如利用麦克风阵列追踪运动车辆)中,信号往往以宽带模型表征,且阵元位置受各种误差影响而不满足 ULA 的结构特征,这些因素给梯度算法的实际应用带来了挑战。随机网格搜索算法利用全局搜索技术以避免算法收敛至局部最优解。这类算法的典型代表包括模拟退火算法[28]和遗传算法[29],缺点为收敛速度慢。

1.2　自适应波束形成

所谓波束形成,即在特定环境中,利用由天线或麦克风等传感器组成的阵列的测量输出来估计信源的空时信息(如信源数目、信号波形、信号空域位置等)的过程[1]。更具体地说,该技术是针对阵列输出设计相应的自适应权,以增强期望方位的感兴趣信号(Signal-of-Interest, SOI),并抑制背景噪声和指向性干扰[2]。

根据如何设计阵列权,可将波束形成算法分为非数据依赖与数据依赖两类。非数据依赖的波束形成算法所设计的权与入射信号的统计特性无关。最简单且应用最广泛的非数据依赖波束形成算法为时延相加(Delay-and-Sum, DAS)算法。该算法的每个阵元的输出先进行时延补偿再求和。由于该类算法未有效利用接收数据信息,所以面临着分辨率较低、旁瓣较高等问题[1,22]。数据依赖的波束形成算法又被称为自适应波束形成算法,这类算法能根据入射信号的统计特性自适应调整阵列权。最为人熟知的数据依赖波束形成算法为标准 Capon 波束形成(Standard Capon Beamformer, SCB)算法。该算法在利用线性约束条件以保证 SOI 无失真传输的前提下,使得阵列输出功率最小以设计出自适应权[18]。

文献[18]提出的 SCB 算法仅在真实协方差矩阵和信号导向矢量均精确已知的条件下才是使得输出信干噪比(Signal-to-Interference-plus-Noise Ratio, SINR)最大的最优空域滤波器。然而在实际应用中,以上假设条件很难得到满足,原因如下所述。由于采样快拍数有限,所以真实协方差矩阵无法精确估计,极端情况下,采样协方差矩阵甚至是病态的,而这会使得 SCB 算法失效。此外,阵列校准误差会引入阵列导向矢量的模型误差,且文献[30]已证明此种误差与有限采样误差本质上等价。无论上述哪种误差出现,均会使得 SCB 算法的性能明显退化。

文献[30]指出,当采样数据中含有 SOI 时,根据其计算出的自适应权会使得 SCB 算法的性能严重下降。虽然在某些特殊应用场合(如脉冲雷达)中,不含

SOI 的采样信号容易获得，但这并非普遍现象，在大多数应用场景（如移动通信、声信号处理、医疗成像）中，采样数据中包含 SOI，而协方差矩阵或 SOI 导向矢量的非精确估计会引起信号自消问题[31]。该问题的存在会严重恶化 SCB 算法的性能，某些情况下其甚至劣于 DAS 算法。因此，对上述误差稳健的自适应波束形成算法的研究成为值得关注的问题。

近年来，国内外学者已提出众多稳健自适应波束形成算法[32, 33]，应用最为广泛的是对角加载算法。其利用采样协方差矩阵与等比扩/缩放的单位矩阵的和来代替原始采样协方差矩阵[34]，进而计算自适应权。对角加载算法的主要缺点是最优对角加载因子不易确定，该因子或通过费时的手工调试选取，或依据无法预知的噪声功率或权向量的归一化限制条件计算。文献[35, 36]中提出了一些比较新颖的稳健 Capon 波束形成算法。文献[37]已证明，这一类算法实质上是等效的，均可视为对角加载算法的特殊形式，对角加载因子根据阵列导向矢量不确定集的尺度计算。然而，由于上述不确定集的范围难以界定，所以对角加载因子的确定仍是一个棘手的问题。举例来说，在小快拍情形下，由于由小快拍引起的模型误差是数据依赖的且难以计算，所以与之相对应的决定阵列导向矢量不确定集的模型参数也难以确定。

1.3 稀疏信号重构

稀疏信号重构和与之相关的压缩感知理论在近年来受到国内外学者的广泛持续关注[38, 39]。稀疏信号重构理论目前已在多种工程场景（如 EEG/MEG[40, 41]、阵列信号处理[42]、模式识别[43]、语音处理[44]、无线传感器网络[45]、无线信道估计[46]等）中得以应用。

单测量矢量情形下的稀疏重构问题可表示为从 $M \leqslant N$ 个含噪线性测量 $\boldsymbol{y} \in \mathbf{R}^M$ 中重构出稀疏信号 $\boldsymbol{x} \in \mathbf{R}^N$，如下式所示：

$$\boldsymbol{y} = \boldsymbol{A}\boldsymbol{x} + \boldsymbol{e} \tag{1-1}$$

式中：$\boldsymbol{A} \in \mathbf{R}^{M \times N}$ 表示已知的测量矩阵；$\boldsymbol{e} \in \mathbf{R}^M$ 表示加性噪声，一般服从如下高斯分布 $\boldsymbol{e} \sim \mathcal{N}(\mathbf{0}, \sigma^2 \boldsymbol{I})$。尽管式(1-1)为欠定方程，但当对测量矩阵施加约束条件和假设 $\boldsymbol{x}$ 为稀疏向量时，该方程有唯一解。式(1-1)的稀疏解可通过求解如下优化问题而得到：

$$\underset{\boldsymbol{x}}{\operatorname{argmin}} \| \boldsymbol{y} - \boldsymbol{A}\boldsymbol{x} \|_2^2 + \lambda \| \boldsymbol{x} \|_0 \tag{1-2}$$

式中：$\| \cdot \|_0$ 表示 l_0-范数，即统计向量 $\boldsymbol{y} - \boldsymbol{A}\boldsymbol{x}$ 中非零元素的个数；λ 是与噪声方差有关的正则参数。式(1-2)所示的优化问题是 NP-难问题[47]，其精确解仅

能通过对 $\boldsymbol{A}$ 的所有列组合进行穷举搜索得到。幸运的是，近年来已有学者通过严格的理论推导证明[47]，当 $\boldsymbol{A}$ 足够稀疏且 $\boldsymbol{x}$ 满足某种结构特征时，可大大降低精确重构 $\boldsymbol{x}$ 所消耗的运算时间。达到上述目的的一个常用技术手段为将式(1-2)中的 ℓ_0-范数约束项以适宜的惩罚因子 $g(\boldsymbol{x})$ 代替：

$$\underset{\boldsymbol{x}}{\operatorname{argmin}} \|\boldsymbol{y}-\boldsymbol{A}\boldsymbol{x}\|_2^2+\tilde{\lambda} g(\boldsymbol{x}) \tag{1-3}$$

惩罚因子 $g(\boldsymbol{x})$ 的不同设计形式对应不同的稀疏重构算法。文献[48]发现，当所选取的惩罚因子为严格凹函数时，式(1-3)中目标函数的局部极小解均为稀疏解，其中稀疏度最高的可行解即是全局极小解。常用的 $g(\boldsymbol{x})$ 的数学形式为 ℓ_1-范数，其对应的稀疏重构算法称为基追踪算法或 LASSO 算法[49]。ℓ_1-范数优化类算法得以广泛应用的原因在于当特定条件满足时，重构结果的精确性有理论保证。具体来说，当 $\boldsymbol{A}$ 满足限制等容性(Restricted Isometry Property, RIP)时，ℓ_1-范数最优解与 ℓ_0-范数最优解等同。除对式(1-2)进行凸松弛外，还有一系列直接求解式(1-1)所示问题的稀疏重构算法被相继提出。这些算法包括贪婪算法[50]、迭代重加权算法[51]以及贝叶斯算法[52]等，其中贪婪算法的运算复杂度最小，然而该算法在 SNR 较低或 $\boldsymbol{A}$ 中各列间的相关性较高时会失效。

此外，还有一些性能优于 ℓ_1-范数优化类算法的稀疏重构算法被相继提出，如重加权的 ℓ_1，ℓ_2 范数联合优化算法[53]，以及基于近似信息传递的贝叶斯算法[54]等。贝叶斯算法的稀疏约束条件是通过对向量 $\boldsymbol{x}$ 施加稀疏诱导先验得到的。贝叶斯算法主要分为 Type-Ⅰ MAP 算法和 Type-Ⅱ EM 算法两类。在 Type-Ⅰ MAP 算法中，式(1-3)中的代价函数可通过设置适宜的先验分布得到：

$$\begin{aligned}\hat{\boldsymbol{x}}_{\mathrm{MAP}} &= \underset{\boldsymbol{x}}{\operatorname{argmax}}\, p(\boldsymbol{x} \mid \boldsymbol{y}) = \underset{\boldsymbol{x}}{\operatorname{argmax}}\, p(\boldsymbol{y} \mid \boldsymbol{x})\, p(\boldsymbol{x}) \\ &= \underset{\boldsymbol{x}}{\operatorname{argmax}} \lg[p(\boldsymbol{y} \mid \boldsymbol{x})]+\log[p(\boldsymbol{x})] \\ &= \underset{\boldsymbol{x}}{\operatorname{argmin}} \|\boldsymbol{y}-\boldsymbol{A}\boldsymbol{x}\|_2^2+\sum_i \log[p(x_i)]\end{aligned} \tag{1-4}$$

因此代价函数 $g(\boldsymbol{x})$ 即为 $\log p(\boldsymbol{x})$。举例来说，独立同分布的拉普拉斯先验 $p(x_i)=\frac{\tilde{\lambda}}{2}\exp(-\tilde{\lambda}\|x_i\|_1)$ 对应常用的 ℓ_1-范数最小化方法。在 Type-Ⅱ EM 算法中，先验分布通常采用分层模型表示，模型参数可利用 EM 算法从测量数据中推断得到。文献[54]中已详细讨论了两类贝叶斯算法的性能差异，指出 Type-Ⅱ算法对先验分布的设计要求比 Type-Ⅰ算法宽松。

1.4 稀疏贝叶斯学习

稀疏贝叶斯学习(Sparse Bayesian Learning, SBL)最初是作为机器学习中的一个概念被国外学者于2001年提出的[52],2004年有研究者利用其解决稀疏信号重构问题[54]。文献[52, 54]已对SBL技术的发展历史作了简要介绍,笔者会在后面的章节中对这一技术的应用细节作更深入的介绍。本质上,SBL是一种对 $\boldsymbol{x}$ 施加高斯量化混合(Gaussian Scale Mixture, GSM)先验[55]的Type-Ⅱ算法,GSM的设置方式如下:$\boldsymbol{x}$ 的先验是关于方差向量 $\boldsymbol{\gamma}$ 的条件高斯分布,而 $\boldsymbol{\gamma}$ 的统计特性由超先验 $p(\boldsymbol{\gamma})$ 表征。由于GSM模型涵盖了多种典型稀疏先验,如学生-t 先验、拉普拉斯先验等,所以该概率建模方法得到了广泛应用[56]。在SBL算法中,EM技术被用以交替估计 $\boldsymbol{\gamma}$ 和 $\boldsymbol{x}$,其中,更新 $\boldsymbol{x}$ 的估计值时 $\boldsymbol{\gamma}$ 保持不变。由于在估计 $\boldsymbol{x}$ 的后验分布时用到了高斯似然函数和高斯先验,所以通过矩阵求逆操作即可得到 $\boldsymbol{x}$ 的后验分布的精确闭式解。然而,矩阵求逆运算的复杂度较大,故上述算法无法应用于大数据环境中。除运算复杂度高的缺点外,SBL算法还面临着GSM模型不够灵活、涵盖的稀疏先验种类有限的问题。

常见的SBL算法的稀疏诱导先验的构造方式如下:稀疏向量中各元素统计独立,其先验均为高斯分布,但方差各不相同。上述方差均视为超参数,其服从形状参数为 a、尺度参数为 b 的伽马分布。超参数的估计值通过最大化边缘似然函数得到。文献[54]已证明,SBL算法的收敛性可由其应用的EM推断准则保证。目前,SBL算法已被应用于分类[54]、回归[54]、稀疏基选取[52]等诸多问题中。文献[57]提出了知识辅助的SBL算法。该算法放宽了对稀疏支撑集先验知识的精确度的要求。在此算法中,稀疏支撑集对应的尺度参数被表示为随机变量,该变量可利用超参数进行估计,非稀疏支撑集对应的尺度参数被赋予极小值。文献[58]提出了多响应稀疏贝叶斯学习(Multiple response Sparse Bayesian Learning, MSBL)算法,以将SBL算法扩展至多快拍情形。在MSBL算法中,信源假定是平稳的,即其入射方位并不会随观测快拍变化。当阵列接收信号中含有噪声分量时,SBL算法能同时估计超参数与噪声方差,这也是SBL算法优于解噪基追踪算法(Basis Pursuit De-Noising, BPDN)[59]、重加权 ℓ_1-范数优化算法[60]以及加权 ℓ_1-范数优化算法[61]等非概率算法的原因,因为在这些算法中,必须预知噪声方差。

1.5　本书内容安排

根据1.1～1.4节所述内容，可知目前关于贝叶斯机器学习的理论研究成果在如何设计高分辨测向算法的稀疏先验模型、高自由度阵列欠定方位估计算法、稳健波束形成器等方面仍存在一定局限性。本书针对以上问题，对贝叶斯机器学习在阵列信号处理中的应用展开研究。全书内容安排如下：

第1章为绪论，先简要介绍本书的研究背景与意义，然后详细梳理DOA估计、自适应波束形成、稀疏信号重构以及稀疏贝叶斯学习等理论的研究历史与发展现状，最后简述本书的内容安排。

第2章研究稀疏阵列的贝叶斯高分辨测向算法。针对非均匀线阵，笔者在SBL框架中构建相应的DOA估计问题。笔者将非均匀阵列输出视为非完全观测数据，将假设的均匀线阵的输出视为需重构的完全观测数据，并借助EM准则迭代最大化完全观测数据的似然函数关于隐变量后验分布的数学期望。笔者所提算法的创新点在于基于实际接收数据得到虚拟均匀线阵接收数据的概率插值过程，应用此操作可有效扩展阵列孔径。仿真结果表明：在低SNR、小快拍和空域邻近信号等非理想信号环境下，此算法的测向性能均优于现有算法。此外，笔者还从变分贝叶斯的观点出发，对稀疏阵列中的DOA估计问题进行研究。笔者针对信号向量提出一种分层先验模型，在最大后验(Maximum A Posterior, MAP)估计中，所提分层模型被合成为稀疏约束项。笔者还进一步利用变分推断技术在隐变量空间中对分层概率模型中的参数进行迭代更新。与传统SBL算法相比，笔者所提分层先验模型在描述未知信号系数向量方面具有更高的稀疏度，并且能准确刻画各隐变量后验分布的统计特性，而不是如传统算法一般仅局限于“点”估计。数值仿真结果有力支持了笔者的上述结论。

第3章研究基于分层合成Lasso先验的稀疏贝叶斯离格DOA估计算法。笔者在SBL框架内，利用改进的GSM模型构造稀疏诱导先验，以确保精确重构出未知信号系数。鉴于常规的SBL概率模型在表征信号向量的真实稀疏度方面有所欠缺，笔者提出一种新的分层合成Lasso (Hierarchical Synthesis Lasso, HSL)先验模型以准确表征多测量矢量数据的共有稀疏特征。为了解决由非共轭先验引起的概率推断终止问题，笔者对所设计的先验模型进行近似，以便于求得关于信号系数和超参数的边缘概率分布。笔者还讨论如何设计迭代公式以更新分层贝叶斯模型中各统计变量的估计值，以及如何设计一维角度精搜算法以提高离格误差存在时的 DOA 估计精度。笔者通过严格的理论推导证明，与现有先验模型相比，所提 HSL 先验在提高模型稀疏度方面优势明显。数值仿真结果也有力地证实在收敛速度和均方根估计误差方面，所提算法均比传统 SBL 算法有明显优势。

第 4 章研究考虑信号相关信息的稀疏贝叶斯离格 DOA 估计算法。笔者所提算法的创新性体现在建立包含稀疏信号矩阵中各非零元素间相关信息的概率统计模型。该模型兼顾了重构结果的精确性和稳健性。基于该模型，笔者利用变分贝叶斯技术得到各隐变量的更新公式，在参数估计过程中，无须设置复杂的用户参数。此外，笔者还基于角度粗估结果，通过在各信号谱峰内进行一维搜索，使得对应的边缘似然函数最大化，得到角度精估结果。仿真结果表明，与传统算法相比，所提算法虽然具有更高的运算复杂度，但却可得到更精确的角度估计结果。

第 5 章研究色噪声背景下相关信号的贝叶斯 DOA 估计算法。笔者针对相关信源与色噪声环境下的 DOA 估计问题展开研究，提出一种基于阵列多快拍接收数据的能同时估计角度参数和非均匀噪声协方差矩阵的迭代算法。笔者根据 SBL 准则推导出所有待求变量的后验分布的具体表达式。笔者所提 SBL 算法具有与经典 ML 算法相近的估计精度，但运算复杂度却较 ML 算法大大降低。在色噪声背景下，笔者所提算法无须像传统测向算法一样对接收信号的数据结构做诸多限制。笔者还利用仿真与实测数据检验所提算法的性能。

第 6 章研究贝叶斯稳健自适应波束形成算法。笔者以增强自适应波束形成器在不精确导向矢量和非平稳干扰等非理想信号环境下的稳健性为目标，提出以 Watson 先验分布作为期望信号导向矢量的随机概率模型，以簇结构先验分布刻画干扰运动信息的统计分析方法。然而，Watson 分布的正则化因子的求解困难性使得概率模型中的贝叶斯推断无法进行。为解决此问题，笔者提出一种基于变分贝叶斯 EM 思想的高效推断算法，该算法通过迭代最大化变分自由能的下界来规避棘手的统计矩计算过程，进而实现隐变量的优化。笔者所提出的贝叶斯波束形成器是精度、运算速度与易实现性的折中。笔者还将狄利克雷过程(Dirichlet Process, DP)先验引入隐参数空间中，以将所提波束形成算法扩展到运动干扰环境中。经如上模型修正后，可依据干扰＋噪声向量的时变特性对其进行自动聚类。笔者最后利用仿真与实验数据验证所提算法相比传统算法在性能上展现的优势。

第 7 章对本书主要内容进行总结。

1.6 本章参考文献

[1] VAN TREES H L. Optimum array processing[M]. New York: Wiley Interscience, 2002.

[2] VAN VEEN B D, BUCKLEY K M. Beamforming: a versatile approach to spatial filtering[J]. IEEE Acoust., Speech, Signal Proc. Mag., 1988, 5 (2): 4 - 24.

[3] HUDSON J E. Adaptive array principles[M]. London: Peter Peregrinus, 1981.

[4] BRENNAN L E, MALLET J D, REED I S. Adaptive arrays in airborne MTI radar[J]. IEEE Trans. Antennas Prop., 1976, 24: 607 - 615.

[5] GERSHMAN A B, NEHETH E, BDHME J F. Experimental performance of adaptive beamforming in a sonar environment with a towed array and moving interfering sources[J]. IEEE Trans. Signal Process., 2000, 48: 246 - 250.

[6] CAPON J, GREENFIELD R J, KOLKER R J. Multidimensional maximumlikelihood processing for a large aperture seismic array[J]. Proc. IEEE., 1967, 55: 192 - 211.

[7] GANNOT S, BURSHTEIN D, WEINSTEIN E. Signal enhancement using beamforming and nonstationarity with applications to speech[J]. IEEE Trans. Signal Process., 2001, 49: 1614 - 1626.

[8] STEINBERG B D. Digital beamforming in ultrasound[J]. IEEE Trans. Ultrasonics, Ferroelectrics and Frequency Control., 1992, 39: 716 - 721.

[9] GODARA L C. Application of antenna arrays to mobile communications. Ⅱ. beam-forming and direction-of-arrival considerations [J]. Proc. IEEE., 1997, 85: 1195 - 1245.

[10] GORODETSKAYA E Y, MALEKHANOV A I, SAZONTOV A G, et al. Deep water acoustic coherence at long ranges: theoretical prediction

and effects on large array signal processing[J]. IEEE J. Ocean. Eng., 1999, 24:156 - 171.

[11] KRIM H, VIBERG M. Two decades of array signal proc[J]. IEEE Signal Proc. Mag., 1996,1:67 - 94.

[12] ELKO G W. Microphone array systems for hands-free telecommuniacation[J]. Speech Commun.,2001, 34:3 - 12.

[13] DOSSO S E, WILMUT M J. Bayesian acoustic source track prediction in an uncertain ocean environment[J]. IEEE J. Ocean. Eng.,2010, 35 (4):811 - 820.

[14] KNUTH K H, HABECK M,MALAKAR N K, et al. Bayesian evidence and model selection[J]. Digit. Signal Process.,2015, 47:50 - 67.

[15] ANTONI J. A Bayesian approach to sound source reconstruction: optimal basis, regularization, and focusing[J]. J. Acoust. Soc. Amer., 2012,131 (4): 2873 - 2890.

[16] HU N, SUN B, WANG J, et al. Source localization for sparse array using nonnegative sparse Bayesian learning[J]. Signal Process.,2016, 127:37 - 43.

[17] ESCOLANO J, XIANG N,PEREZ-LORENZO J M, et al. A Bayesian direction-of-arrival model for an undetermined number of sources using a two-microphone array[J]. J. Acoust. Soc.,2014,135 (2):742 - 753.

[18] CAPON J. High-resolution frequency-wavenumber spectrum analysis [J]. Proc. IEEE.,1969, 57 (8):1408 - 1418.

[19] PISARENKO V F. The retrieval of harmonics from a covariance function[J]. Geophys. J. R. Astron. Soc.,1973, 33 (3) :347 - 366.

[20] SCHMIDT R O. Multiple emitter location and signal parameter estimation[J]. IEEE Trans. Antennas Propag.,1986, 34 (3) :276 - 280.

[21] ROY R, KAILATH T. ESPRIT-estimation of signal parameters via rotational invariance techniques[J]. IEEE Trans. Acoust., Speech, Signal Process., 1989,37 (7): 984 - 995.

[22] STOICA P,MOSES R L. Spectral analysis of signals[M]. New Jersy: Pearson/Prentice Hall Upper Saddle River, 2005.

[23] ZOUBIR A, VIBERG M, CHELLAPPA R, et al. Academic press library in signal processing volume 3: array and statistical signal processing[M]. New York: Academic, 2014.

[24] ZISKINE I, WAX M. Maximum likelihood localization of multiple sources by alternating projection[J]. IEEE Trans. Acoust., Speech, Signal Process., 1988, 36 (10):1553 - 1560.

[25] MILLER M I, FUHRMANN D R. Maximum-likelihood narrow-band direction finding and the EM algorithm[J]. IEEE Trans. Acoust., Speech, Signal Process., 1990, 38 (9):1560 - 1577.

[26] STARER D, NEHORAI A. Newton algorithms for conditional and unconditional maximum likelihood estimation of the parameters of exponential signals in noise[J]. IEEE Trans. Signal Process., 1992, 40 (6): 1528 - 1534.

[27] BRESLER Y, MACOVSKI A. Exact maximum likehihood parameter estimation of superimposed exponential signal in noise[J]. IEEE Trans. Acoust., Speech, Signal Process., 1986, 34:1081 - 1089.

[28] SHARMAN K C. Maximum likelihood parameter estimation by simulated annealing[C]// Internat. Conf. Acoustics, Speech, Signal Process. (ICASSP). New York, 1988: 2741 - 2744.

[29] SHARMAN K C, MCGLURKIN G D. Genetic algorithms for maximum likelihood parameter estimation[C]// Internat. Conf. Acoustics, Speech, Signal Process. (ICASSP). Glasgow, 1989: 2716 - 2719.

[30] FELDMAN D D, GRIFFITHS L J. A projection approach for robust adaptive beamforming[J]. IEEE Trans. Signal Process., 1994, 42: 867 - 876.

[31] WIDROW B, DUVALL K, GOOCH R, et al. Signal cancellation phenomena in adaptive antennas: causes and cures[J]. IEEE Trans. Antennas Propag., 1982, 30:469 - 478.

[32] LI J, STOICA P. Eds., robust adaptive beamforming[M]. New York: John Wiley & Sons, 2005.

[33] LEE C C, LEE J H. Robust adaptive array beamforming under steer-

ing vector errors[J]. IEEE Trans. Antennas Propag., 1997, 45: 168-175.

[34] CARLSON B D. Covariance matrix estimation errors and diagonal loading in adaptive arrays[J]. IEEE Trans. Aerosp. Electron. Syst.,1988, 24:397-401.

[35] VOROBYOV S A, GERSHMAN A B, LUO Z Q. Robust adaptive beamforming using worst-case performance optimization[J]. IEEE Trans. Signal Proc.,2003, 51: 313-324.

[36] LORENZ R G, BOYD S P. Robust minimum variance beamforming [J]. IEEE Trans. Signal Process.,2005, 53:1684-1696.

[37] LI J, STOICA P, WANG Z. On robust Capon beamforming and diagonal loading[J]. IEEE Trans. Signal Process.,2003, 51: 1702-1715.

[38] DONOHO D L. Compressed sensing[J]. IEEE Trans. Inf. Theory., 2006, 52 (4): 1289-1306.

[39] TAN Z, NEHORAI A. Sparse direction of arrival estimation using coprime arrays with off-grid targets[J]. IEEE Signal Process. Lett., 2014, 2 (1):26-29.

[40] GORODNITSKY I F, GEORGE J S, RAO B D. Neuromagnetic source imaging with FOCUSS: a recursive weighted minimum norm algorithm [J]. Electrocephalogr. Clin. Neurophysiol., 1995,95 (4):231-251.

[41] MAKEIG S, KOTHE C, MULLEN T,et al. Evolving signal processing for brain - computer interfaces[J]. Proc. IEEE, 2012, 100: 1567-1584.

[42] MALIOUTOV D, CETIN M,WILLSKY A S. A sparse signal reconstruction perspective for source localization with sensor arrays[J]. IEEE Trans. Signal Process.,2005, 53 (8):3010-3022.

[43] WRIGHT J, YANG A Y, GANESH A, et al. Robust face recognition via sparse representation[J]. IEEE Trans. Pattern Anal. Mach. Intell.,2008, 31 (2):210-227.

[44] GIACOBELLO D, CHRISTENSEN M G,MURTHI M N, et al. Sparse linear prediction and its applications to speech processing[J].

IEEE Trans. Audio Speech Language Process., 2012, 20 (5): 1644 - 1657.

[45] DUARTE M F, SHEN G, ORTEGA A, et al. Signal compression in wireless sensor networks[J]. Phil. Trans. Roy. Soc. A., 2012, 370 (1958): 118 - 135.

[46] MO J, SCHNITER P, HEATH R W. Channel estimation in broadband millimeter wave MIMO systems with few-bit adcs[J]. IEEE Trans. Signal Process., 2017, 66 (5): 1141 - 1154.

[47] NATARAJAN B K. Sparse approximate solutions to linear systems [J]. SIAM J. Comput., 1995, 24 (2): 227 - 234.

[48] WIPF D P, RAO B D, NAGARAJAN S. Latent variable Bayesian models for promoting sparsity[J]. IEEE Trans. Inf. Theory., 2011, 57 (9): 6236 - 6255.

[49] TIBSHIRANI R. Regression shrinkage and selection via the lasso[J]. J. Roy. Stat. Soc., Ser. B (Methodol.)., 1996, 58 (1): 267 - 288.

[50] CANDES E J, TAO T. Decoding by linear programming[J]. IEEE Trans. Inf. Theory., 2005, 51 (12): 4203 - 4215.

[51] FIGUEIREDO M A, BIOUCAS-DIAS J M, NOWAK R D. Majorization-minimization algorithms for wavelet-based image restoration[J]. IEEE Trans. Image Process., 2007, 16 (12): 2980 - 2991.

[52] TIPPING M E. Sparse Bayesian learning and the relevance vector machine[J]. J. Mach. Learn. Res., 2001, 1: 211 - 244.

[53] WIPF D, NAGARAJAN S. Iterative reweighted ℓ_1 and ℓ_2 methods for finding sparse solutions[J]. IEEE J. Sel. Topics Signal Process., 2010, 4 (2): 317 - 329.

[54] WIPF D P, RAO B D. Sparse Bayesian learning for basis selection[J]. IEEE Trans. Signal Process., 2004, 52: 2153 - 2164.

[55] PALMER J, KREUTZ-DELGADO K, RAO B D, et al. Variational EM algorithms for non-Gaussian latent variable models[J]. Advances in Neural Information Processing Systems., 2005, 1: 1059 - 1066.

[56] PEDERSEN N L, MANCHON C N, BADIU M A, et al. Sparse esti-

mation using Bayesian hierarchical prior modeling for real and complex linear models[J]. Signal Process. ,2015, 115: 94 - 109.

[57] FANG J, SHEN Y, LI F, et al. Support knowledge-aided sparse Bayesian learning for compressed sensing[C]// Internat. Conf. Acoustics, Speech, Signal Process. (ICASSP). 2015: 3786 - 3790.

[58] WIPF D P, RAO B D. An empirical bayesian strategy for solving the simultaneous sparse approximation problem[J]. IEEE Trans. Signal Process. , 2007,55 (7):3704 - 3716.

[59] SANTOSA F, SYMES W W. Linear inversion of band-limited reflection seismograms[J]. SIAM J. Sci. Statist. Comput. ,1986,7 (4): 1307 - 1330.

[60] CANDES E J, WAKIN M B, BOYD S P. Enhancing sparsity by reweighted ℓ_1 minimization[J]. J. Fourier Anal. Appl. , 2008,14 (5): 877 - 905.

[61] HILLI A A, NAJAFIZADEH L, PETROPULU A. A weighted approach for sparse signal support estimation with application to EEG source localization[J]. IEEE Trans. Signal Process. ,2017, 65 (24): 6551 - 6565.

第 2 章　稀疏阵列的贝叶斯高分辨测向算法

2.1 引　　言

从传感器阵列的观测快拍数据中估计入射信号的 DOA 信息已成为声呐、雷达、无线通信和遥测地震学等领域的研究热点[1,2]。当前多数 DOA 估计算法仅适用于均匀线列阵(Uniform Linear Arrays, ULA),然而,稀疏阵列[如非均匀线列阵(Nonuniform Linear Arrays, NLA)]的 DOA 估计也为众多应用场景[3-5]所关注,如长 ULA 在使用时常有部分阵元损坏而无法正常输出测量结果的情况出现,即所谓的数据缺失问题[6]。近年来,T. E. Tuncer 等人[7]已研究了 NLA 中的 DOA 估计问题,并提出相应的测向算法。该算法实现了 NLA 阵列流形到 ULA 阵列流形之间的转换,以此补全 NLA 接收数据中的缺失部分。在此信号处理思路下,NLA 的数据插值过程是空域相关的,且需要预先获知信源与噪声功率信息(通常是未知量)。若上述限制条件不满足,则阵列插值矩阵的投影误差远大于通常情况下限制 DOA 估计性能的由采样快拍数据有限引起的协方差矩阵估计误差,因此,应用 T. E. Tuncer 等人提出的阵列插值技术难以获得高精度的 DOA 估计结果。本章提出一种适于处理 NLA(即缺失部分阵元的 ULA)所接收的多个相关信源的高分辨 DOA 估计算法。

现有的 DOA 估计技术可被分为两大类,即子空间类算法和稀疏重构类算法。第一类算法中的代表为 MUSIC 算法[8,9],然而该算法并不能直接用来估计相干信源的方位,原因在于此时接收数据的协方差矩阵是秩亏损的。为解决此问题,文献[10]提出了空间平滑技术以重构满秩协方差矩阵,然而空间平滑 MUSIC 算法(Spatial Smoothing-based MUSIC, SS-MUSIC)仅适用于 ULA,因此将其应用于 NLA 中仅有均匀部分(即不包含孔洞的连续阵元部分)可被利用，此时 NLA 的自由度（Degrees-of-Freedom，DOF）和阵列孔径均有损失，造成 DOA 估计性能下降。近年来，信号稀疏重构技术因其在分辨相干信源方面体现出的优异性能[11]，逐渐受到国内外研究者的重视，此类算法的典型代表包括 L1－SVD [12]，L1－SRACV [13]，SPICE [14]等。现有文献已证实了稀疏重构类算法在空域邻近信号、小快拍及低信噪比等非理想情况下的优越超分辨性能与稳健性。然而，这类算法的设计初衷是应用于原始数据域，因此并不能用于重构 NLA 的缺失阵元的数据。

由以上讨论可知，现有 DOA 估计技术所面临的瓶颈促使人们寻求估计 NLA 所接收的相干信源的 DOA 稀疏处理新思路。具体来说，基于稀疏贝叶斯学习（Sparse Bayesian Learning，SBL）技术在非理想信号环境下相比于子空间类算法与其他稀疏重构类算法所体现出的性能优势[15]，本章以建立 SBL 框架[16]下的 NLA 稀疏测向算法为目标。在此指导思想下，笔者基于 SBL 中的期望最大化（Expectation-Maximization，EM）准则[17]实现 NLA 中“缺失”数据的迭代估计。具体来说，所提算法在每次迭代中包含两个步骤，即 E 步和 M 步。在 E 步中，当“非完全”数据（即 NLA 所接收的数据）及上一步的 DOA 估计值给定时，计算“完全”数据（即假定的 ULA 所接收的数据）的后验分布；在 M 步中，最大化完全数据对数似然函数关于 E 步计算出的后验分布的数学期望。在某一特定迭代步骤中，笔者所提出的算法通过利用上一步得到的测向结果来提高阵列接收数据的插值精度。理论分析和数值仿真结果证实所提高分辨测向算法相比于传统算法所展现出的性能优势。

此外，在雷达、声呐和射电天文等领域的 DOA 估计[1,18-20]问题中，欠定情形[21]，即信源数目大于阵元数目，已引起国内外研究者的广泛关注。为了检测出多于阵元数目的信源，一系列基于协方差向量的测向算法[22,23]已被提出。在这些算法中，最大可利用 DOF 由差分阵元位置集合中的非重复元素个数所决定。对于 N 阵元的 ULA 来说，将阵列流形矩阵与其自身做 Khatri-Rao（KR）积[24]，则所得到的等效“差阵列”的 DOF 可增加至 $2N-1$，进而可在不借助高阶统计量的前提下确定出 $2N-2$ 个信源的方位。

在欠定情形下，稀疏阵列结构[25,26]，即阵元按非均匀方式排布的阵列结构，适于被基于协方差向量的 DOA 估计算法利用以达到 DOF 增加的目的。例如，近年来提出的互质阵列结构[25]即为一种典型的稀疏阵列设计方式。该阵列由两个 ULA 子阵组成，两子阵的阵元数目及阵元间距互质。按差阵列的合成规则，一阵元数为 $M+N-1$（首阵元由两子阵共享）的互质阵列能够形成

$O(MN)$个虚拟阵元。文献[27]将互质阵列的概念进行了推广，即将某一组成子阵的阵元数目加倍，如此可进一步提高虚拟阵列中“连续”部分的阵元数目，此时连续虚拟阵元的坐标范围为$(-MN-M+1)d$到$(MN+M-1)d$，阵元间距d为半波长。

现有的稀疏阵列 DOA 估计算法同样可大致分为以下两类：子空间类测向算法[27]和稀疏重构类测向算法[28-30, 16, 31, 32, 12, 33]。第二类算法中比较受关注的为贝叶斯算法[16, 31]。该算法采用稀疏分布表征阵列观测数据在过完备空域角度集合下的统计特性，且多项研究成果[34-36, 15, 37, 38]已从理论和实验方面证实了贝叶斯算法相比其他稀疏诱导算法在重构精度方面具有显著优势。因此，本章采用贝叶斯稀疏重构算法作为稀疏阵列 DOA 估计的技术手段，主要贡献体现在以下两个方面：①笔者构造了表征信号空域稀疏性的三层先验模型，此概率分布的“质量”集中在均值向量处，形成“尖峰”，其余概率采样点处的值随该点与均值向量的距离增加而逐渐下降，且幅度较高斯分布平缓；②笔者采用变分贝叶斯方法推断分层概率模型中的隐变量，即首先将所有模型参数的联合后验分布做分离近似，然后迭代最大化观测数据似然函数的下界。

本章的后续内容安排如下：2.2 节提出基于 EM 准则的 NLA DOA 估计算法，2.3 节提出基于变分贝叶斯推断的稀疏阵列 DOA 估计算法，2.4 节利用仿真数据验证所提算法的有效性，2.5 节对本章内容进行总结。

2.2　基于 EM 准则的 NLA 高分辨测向算法

2.2.1　NLA 接收信号模型

假设K个远场独立窄带信源入射到M阵元的 NLA 上，入射角度集为$\boldsymbol{\theta}=[\theta_1,\theta_2,\cdots,\theta_K]^{\mathrm{T}}$，信号波形为$s_k(t)$，其中$k=1,2,\cdots,K$。$t$时刻的阵列输出可表示为

$$\boldsymbol{x}(t)=\sum_{k=1}^{K}\boldsymbol{b}(\theta_k)s_k(t)+\boldsymbol{n}(t)=\boldsymbol{B}(\boldsymbol{\theta})\boldsymbol{S}(t)+\boldsymbol{n}(t) \tag{2-1}$$

式中：$K\times1$维向量$\boldsymbol{S}(t)=[s_1(t),s_2(t),\cdots,s_K(t)]^{\mathrm{T}}$包含所有信源的复振幅；$\boldsymbol{n}(t)=[n_1(t),n_2(t),\cdots,n_M(t)]^{\mathrm{T}}$表示$M\times1$维的独立同分布的白高斯噪声

向量，其服从的分布可表示为 $\mathcal{N}(\mathbf{0},\sigma_n^2\mathbf{I}_M)$；$\mathbf{B}(\boldsymbol{\theta})=[\mathbf{b}(\theta_1),\mathbf{b}(\theta_2),\cdots,\mathbf{b}(\theta_K)]$表示 $M\times K$ 维的阵列流形矩阵，$\mathbf{b}(\theta_k)$表示第 k 个信源的导向矢量，其表达形式为

$$\mathbf{b}(\theta_k)=[1,\mathrm{e}^{\mathrm{j}\frac{2\pi d_2}{\lambda}\sin\theta_k},\cdots,\mathrm{e}^{\mathrm{j}\frac{2\pi d_M}{\lambda}\sin\theta_k}]^{\mathrm{T}} \tag{2-2}$$

式中：$d_i(i=1,2,\cdots,M)$表示第 i 个阵元的位置；λ 表示信号波长。首阵元被设为参考阵元，即 $d_1=0$。

将各时刻的采样输出按列排列，则接收数据矩阵 $\mathbf{X}=[\mathbf{x}(t_1),\mathbf{x}(t_2),\cdots,\mathbf{x}(t_N)]$可表示为

$$\mathbf{X}=\mathbf{B}(\boldsymbol{\theta})\mathbf{S}+\mathbf{N} \tag{2-3}$$

式中：$\mathbf{X}=[\mathbf{x}(t_1),\mathbf{x}(t_2),\cdots,\mathbf{x}(t_N)]$；$\mathbf{S}=[\mathbf{s}(t_1),\mathbf{s}(t_2),\cdots,\mathbf{s}(t_N)]$；$\mathbf{N}=[\mathbf{n}(t_1),\mathbf{n}(t_2),\cdots,\mathbf{n}(t_N)]$；$N$ 表示采样快拍数。

2.2.2 基于EM准则的空域插值算法

如前所述，M 阵元的 NLA 可被认为是缺失某些阵元的 M'阵元($M'>M$) ULA 的子阵。在此假设前提下，假设的 ULA 与实际 NLA 的输出信号可被分别视为完全数据与非完全数据。在后续算法推导中，EM 准则将被用来重构完全数据与 DOA 集合 $\boldsymbol{\theta}$。

不失一般性，以 $\mathbf{X}$ 和 $\mathbf{Y}$ 分别表示非完全数据与完全数据，则 $\mathbf{Y}$ 由实际观测数据和缺失阵元“接收”的隐含数据构成。此外，NLA 可由维数为 M'的二值向量 $\mathbf{p}$ 表示。如果虚拟 ULA 的第 m 个阵元包含在实际 NLA 中，则 $\mathbf{p}$ 的第 m 个元素为 1，否则为 0。据此，式(2-3)可被等价表示为转换矩阵 $\mathbf{P}$ 左乘虚拟 ULA 输出的形式，即

$$\mathbf{X}=\mathbf{P}\mathbf{Y} \tag{2-4}$$

其中 $M\times M'$维矩阵 $\mathbf{P}$ 由删去 diag($\mathbf{p}$)中的全 0 行构成。

EM 算法从本质上讲是一种两步迭代优化算法，以寻找包含隐变量的概率模型的最大似然解。现引入先验分布 $p(\mathbf{S})$，借助 EM 准则最大化后验分布 $p(\mathbf{S}|\mathbf{X})$。首先注意到任意分布 $q(\mathbf{Y})$可分解为如下形式[42]：

$$\ln p(\mathbf{X}|\mathbf{S})=L(q,\mathbf{S})+KL(q\parallel p) \tag{2-5}$$

其中

$$L(q,\mathbf{S})=\int q(\mathbf{Y})\ln\left[\frac{p(\mathbf{X},\mathbf{Y}\mid\mathbf{S})}{q(\mathbf{Y})}\right]\mathrm{d}\mathbf{Y} \tag{2-6}$$

$$KL(q \parallel p) = -\int q(\boldsymbol{Y}) \ln\left[\frac{p(\boldsymbol{Y} \mid \boldsymbol{X},\boldsymbol{S})}{q(\boldsymbol{Y})}\right] \mathrm{d}\boldsymbol{Y} \tag{2-7}$$

式中：$KL(q \parallel p)$表示$q(\boldsymbol{Y})$与后验分布$p(\boldsymbol{Y}|\boldsymbol{X},\boldsymbol{S})$间的 Kullback-Leibler 散度。由于$KL(q \parallel p) \geqslant 0$，且等号仅在$q(\boldsymbol{Y}) = p(\boldsymbol{Y}|\boldsymbol{X},\boldsymbol{S})$时成立，所以$L(q,\boldsymbol{S}) \leqslant \ln p(\boldsymbol{X}|\boldsymbol{S})$，或者等价地理解为$L(q,\boldsymbol{S})$是$\ln p(\boldsymbol{X}|\boldsymbol{S})$的下界。

然后利用贝叶斯公式$p(\boldsymbol{S}|\boldsymbol{X}) = p(\boldsymbol{S},\boldsymbol{X})/p(\boldsymbol{X})$，得到

$$\ln p(\boldsymbol{S}|\boldsymbol{X}) = \ln p(\boldsymbol{S},\boldsymbol{X}) - \ln p(\boldsymbol{X}) \tag{2-8}$$

将式(2-5)代入式(2-8)，可知$\ln p(\boldsymbol{S}|\boldsymbol{X})$满足如下关系：

$$\begin{aligned}\ln p(\boldsymbol{S}|\boldsymbol{X}) &= \ln p(\boldsymbol{X}|\boldsymbol{S}) + \ln p(\boldsymbol{S}) - \ln p(\boldsymbol{X}) \\ &= L(q,\boldsymbol{S}) + KL(q \parallel p) + \ln p(\boldsymbol{S}) - \ln p(\boldsymbol{X}) \\ &\geqslant L(q,\boldsymbol{S}) + \ln p(\boldsymbol{S}) - \ln p(\boldsymbol{X})\end{aligned} \tag{2-9}$$

其中$\ln p(\boldsymbol{X})$为常量。

现将式(2-9)分别对q和$\boldsymbol{S}$优化，即可得到标准 EM 算法中 E 步和 M 步的迭代公式。在 E 步中，保持$\boldsymbol{S}^{(\mathrm{old})}$不变，将下界$L(q,\boldsymbol{S}^{(\mathrm{old})})$关于$q(\boldsymbol{Y})$最大化，最大值在 Kullback-Leibler 散度$KL(q \parallel p)$为 0，即$q(\boldsymbol{Y}) = p(\boldsymbol{Y}|\boldsymbol{X},\boldsymbol{S}^{(\mathrm{old})})$处得到。根据$\boldsymbol{X}$和$\boldsymbol{Y}$均服从高斯分布的性质，可知条件概率$p(\boldsymbol{Y}|\boldsymbol{X},\boldsymbol{S}^{(\mathrm{old})})$也服从高斯分布。利用条件概率$p(\boldsymbol{X}|\boldsymbol{Y}) = \mathcal{N}(\boldsymbol{X}|\boldsymbol{PY},\boldsymbol{0})$和边缘概率$p(\boldsymbol{Y}) = \mathcal{N}(\boldsymbol{Y}|\boldsymbol{A}(\boldsymbol{\theta})\boldsymbol{S}^{(\mathrm{old})},\beta^{(\mathrm{old})-1}\boldsymbol{I}_{M'})$，其中$\boldsymbol{A}(\boldsymbol{\theta})$是虚拟 ULA 的阵列流形矩阵，$\beta^{(\mathrm{old})}$是逆方差参数，易知：

$$p(\boldsymbol{Y} \mid \boldsymbol{X},\boldsymbol{S}^{(\mathrm{old})}) = \mathcal{N}(\boldsymbol{Y} \mid \hat{\boldsymbol{Y}},\boldsymbol{\Sigma}_{\boldsymbol{Y}}) \tag{2-10}$$

其中

$$\hat{\boldsymbol{Y}} = \boldsymbol{A}(\boldsymbol{\theta})\boldsymbol{S}^{(\mathrm{old})} + \boldsymbol{P}^{\mathrm{H}}(\boldsymbol{X} - \boldsymbol{PA}(\boldsymbol{\theta})\boldsymbol{S}^{(\mathrm{old})}) \tag{2-11}$$

$$\boldsymbol{\Sigma}_{\boldsymbol{Y}} = \beta^{(\mathrm{old})-1}(\boldsymbol{I}_{M'} - \boldsymbol{P}^{\mathrm{H}}\boldsymbol{P}) \tag{2-12}$$

将$q(\boldsymbol{Y}) = p(\boldsymbol{Y}|\boldsymbol{X},\boldsymbol{S}^{(\mathrm{old})})$代入式(2-9)右边，可得 M 步的最大化目标函数为

$$\begin{aligned}&\int p(\boldsymbol{Y} \mid \boldsymbol{X},\boldsymbol{S}^{(\mathrm{old})}) \ln p(\boldsymbol{X},\boldsymbol{Y} \mid \boldsymbol{S})\, \mathrm{d}\boldsymbol{Y} - \int p(\boldsymbol{Y} \mid \boldsymbol{X},\boldsymbol{S}^{(\mathrm{old})}) \ln q(\boldsymbol{Y})\, \mathrm{d}\boldsymbol{Y} + \ln p(\boldsymbol{S}) \\ &= Q(\boldsymbol{S},\boldsymbol{S}^{(\mathrm{old})}) + \ln p(\boldsymbol{S}) + \mathrm{const}\end{aligned} \tag{2-13}$$

其中，$Q(\boldsymbol{S},\boldsymbol{S}^{(\mathrm{old})}) = \int p(\boldsymbol{Y} \mid \boldsymbol{X},\boldsymbol{S}^{(\mathrm{old})}) \ln p(\boldsymbol{X},\boldsymbol{Y} \mid \boldsymbol{S})\, \mathrm{d}\boldsymbol{Y}$表示完全数据对数似然函数的期望。

至此，基于 EM 准则的空域插值算法可被总结如下：

(1)初始化参数$\boldsymbol{S}^{(\text{old})}$；

(2)即 E 步，计算 $p(\boldsymbol{Y}|\boldsymbol{X},\boldsymbol{S}^{(\text{old})})$；

(3) 即 M 步，按 $\boldsymbol{S}^{(\text{new})}=\arg\max\limits_{\boldsymbol{S}} Q(\boldsymbol{S},\boldsymbol{S}^{(\text{old})})$ 计算 $\boldsymbol{S}^{(\text{new})}$，其中 $Q(\boldsymbol{S},\boldsymbol{S}^{(\text{old})})=\int p(\boldsymbol{Y}\mid\boldsymbol{X},\boldsymbol{S}^{(\text{old})})\ln p(\boldsymbol{X},\boldsymbol{Y}\mid\boldsymbol{S})\mathrm{d}\boldsymbol{Y}$；

(4)判断算法是否收敛，若未达到收敛条件，则令$\boldsymbol{S}^{(\text{old})}\leftarrow\boldsymbol{S}^{(\text{new})}$，返回第(2)步继续迭代，否则终止迭代过程。

2.2.3 基于 EM 准则的 DOA 估计算法

在应用插值算法后，利用 EM 准则解决 NLA 的 DOA 估计问题仅须确定 $Q(\boldsymbol{S},\boldsymbol{S}^{(\text{old})})$。下面首先针对信源矩阵 $\boldsymbol{S}$ 建立如下零均值高斯先验：

$$p(\boldsymbol{S}\mid\boldsymbol{\gamma})=\prod_{i=1}^{N}\mathcal{N}(\boldsymbol{S}_{\cdot i}\mid\boldsymbol{0},\boldsymbol{\Gamma}) \tag{2-14}$$

式中：方差参数向量 $\boldsymbol{\gamma}=[\gamma_1,\gamma_2,\cdots,\gamma_g]^{\mathrm{T}}$，$g$ 表示采样网格点数且满足 $g>>K$；$\boldsymbol{\Gamma}=\mathrm{diag}(\boldsymbol{\gamma})$。

由于式(2-14)符合共轭先验分布的特性，故后验分布仍为高斯分布，其表达形式为

$$p(\boldsymbol{S}\mid\boldsymbol{Y})=\prod_{i=1}^{N}\mathcal{N}(\boldsymbol{S}_{\cdot i}\mid\hat{\boldsymbol{S}}_{\cdot i},\boldsymbol{\Sigma}_{\boldsymbol{S}}) \tag{2-15}$$

其中

$$\begin{aligned}\boldsymbol{\Sigma}_{\boldsymbol{S}}&=[\boldsymbol{\Gamma}^{-1}+\beta\boldsymbol{A}^{\mathrm{H}}(\boldsymbol{\theta})\boldsymbol{A}(\boldsymbol{\theta})]^{-1}\\&=\boldsymbol{\Gamma}-\boldsymbol{\Gamma}\boldsymbol{A}^{\mathrm{H}}(\boldsymbol{\theta})[\beta^{-1}\boldsymbol{I}_{M'}+\boldsymbol{A}(\theta)\boldsymbol{\Gamma}\boldsymbol{A}^{\mathrm{H}}(\boldsymbol{\theta})]^{-1}\boldsymbol{A}(\boldsymbol{\theta})\boldsymbol{\Gamma}\end{aligned} \tag{2-16}$$

$$\hat{\boldsymbol{S}}_{\cdot i}=\boldsymbol{\Sigma}_{\boldsymbol{S}}\{\boldsymbol{A}^{\mathrm{H}}(\boldsymbol{\theta})\beta\hat{\boldsymbol{Y}}_{\cdot i}\}=\boldsymbol{\Gamma}\boldsymbol{A}^{\mathrm{H}}(\boldsymbol{\theta})\boldsymbol{\Sigma}^{-1}\hat{\boldsymbol{Y}}_{\cdot i} \tag{2-17}$$

$$\boldsymbol{\Sigma}=\beta^{(\text{old})-1}\boldsymbol{I}_{M'}+\boldsymbol{A}(\boldsymbol{\theta})\boldsymbol{\Gamma}\boldsymbol{A}^{\mathrm{H}}(\boldsymbol{\theta}) \tag{2-18}$$

容易看出，在式(2-13)的右边，$\boldsymbol{\gamma}$ 仅存在于 $\ln p(\boldsymbol{S})$ 这一项中，因此各元素的更新值可通过将 $\ln p(\boldsymbol{S}|\boldsymbol{\gamma})$ 关于 γ_i 的偏导设为 0 得到，即

$$\gamma_i=\|\hat{\boldsymbol{S}}_{i\cdot}\|_2^2/N+(\boldsymbol{\Sigma}_{\boldsymbol{S}})_{ii}\ (i=1,2,\cdots,g) \tag{2-19}$$

同理，由于 β 仅存在于 $Q(\boldsymbol{S},\boldsymbol{S}^{(\text{old})})$ 这一项中，故 β 的更新值可通过将 $Q(\boldsymbol{S},\boldsymbol{S}^{(\text{old})})$ 关于 β 最大化求得。将 $Q(\boldsymbol{S},\boldsymbol{S}^{(\text{old})})$ 展开得到

$$\begin{aligned}&Q(\boldsymbol{S},\boldsymbol{S}^{(\text{old})})\\&=\frac{M'N}{2}\ln\beta-\frac{\beta}{2}\sum_{i=1}^{N}\{E(\boldsymbol{Y}_{\cdot i}^{\mathrm{H}}\boldsymbol{Y}_{\cdot i})-2E(\boldsymbol{Y}_{\cdot i}^{\mathrm{H}})\boldsymbol{A}(\boldsymbol{\theta})\hat{\boldsymbol{S}}_{\cdot i}+\hat{\boldsymbol{S}}_{\cdot i}^{\mathrm{H}}\boldsymbol{A}^{\mathrm{H}}(\boldsymbol{\theta})\boldsymbol{A}(\boldsymbol{\theta})\boldsymbol{S}_{\cdot i}\}\end{aligned} \tag{2-20}$$

将式(2－20)关于β求导，并令结果为 0，可得β的更新值为

$$\beta = M'N / \sum_{i=1}^{N} \{ \| \hat{\boldsymbol{Y}}_{\cdot i} - \boldsymbol{A}(\boldsymbol{\theta}) \hat{\boldsymbol{S}}_{\cdot i} \|_2^2 + \mathrm{Tr}[\boldsymbol{A}(\boldsymbol{\theta}) \boldsymbol{\Sigma}_S \boldsymbol{A}^{\mathrm{H}}(\boldsymbol{\theta})] \} \quad (2-21)$$

最后，可将本小节所设计的 DOA 估计算法总结如下：

(1)选取初始值$\boldsymbol{Y}^{(\mathrm{old})}$，$\boldsymbol{\gamma}^{(\mathrm{old})}$，$\boldsymbol{S}^{(\mathrm{old})}$和$\beta^{(\mathrm{old})}$；

(2)依据 EM 准则由 NLA 接收信号构造 ULA 接收信号，具体分为如下几个步骤：

1)根据式(2－11)重构虚拟 ULA 的接收信号$\boldsymbol{Y}^{(\mathrm{new})}$；

2)利用$\boldsymbol{\Gamma}^{(\mathrm{old})}$和$\boldsymbol{Y}^{(\mathrm{new})}$，根据式(2－17)和式(2－16)，分别计算$\boldsymbol{S}^{(\mathrm{new})}$和$\boldsymbol{\Sigma}_S^{(\mathrm{new})}$；

3)利用$\boldsymbol{S}^{(\mathrm{new})}$和$\boldsymbol{\Sigma}_S^{(\mathrm{new})}$，根据式(2－19)计算$\boldsymbol{\gamma}^{(\mathrm{new})}$；

4)利用$\boldsymbol{Y}^{(\mathrm{new})}$，$\boldsymbol{S}^{(\mathrm{new})}$和$\boldsymbol{\Sigma}_S^{(\mathrm{new})}$，根据式(2－21)估计精度参数$\beta^{(\mathrm{new})}$。

(3)判断$\boldsymbol{S}$或$\boldsymbol{\gamma}$的收敛条件是否得到满足，若不满足，则令$\boldsymbol{Y}^{(\mathrm{old})} \leftarrow \boldsymbol{Y}^{(\mathrm{new})}$，$\boldsymbol{\gamma}^{(\mathrm{old})} \leftarrow \boldsymbol{\gamma}^{(\mathrm{new})}$，$\boldsymbol{S}^{(\mathrm{old})} \leftarrow \boldsymbol{S}^{(\mathrm{new})}$，$\beta^{(\mathrm{old})} \leftarrow \beta^{(\mathrm{new})}$，并返回步骤(2)继续迭代，否则终止迭代过程。

在超参数向量$\boldsymbol{\gamma}$被估计出后，非 0 元素的位置即对应信号 DOA。

2.2.4　运算复杂度分析

本小节将对比所提算法与其他现有算法的运算复杂度。所提算法是一种迭代算法，其运算复杂度约为每步迭代的运算量与总迭代次数的乘积。在每步迭代中，计算完全数据$\hat{\boldsymbol{Y}}$需要$(M'-M)gN+M'MN \approx (M'-M)gN$次复乘运算，估计超参数向量$\boldsymbol{\gamma}$需要$M'^2 g$次复乘运算，因此，一次完整迭代的运算复杂度约为$O[(M'-M)gN+M'^2 g]$。

与此相反，L1－SVD 算法、L1－SRACV 算法以及 SPICE 算法在每步迭代中的运算复杂度分别为$O(g^3 K^3)$[12]、$O(M^3 g^3)$[13]和$O(M^3 N)$[14]。此外，所提算法达到收敛需要的迭代次数通常小于 100。综合以上分析，可知所提算法的运算复杂度小于 L1－SVD 算法和 L1－SRACV 算法，但是稍高于 SPICE 算法。MUSIC 算法的运算复杂度$O(M^3)$[8,9]明显小于上述所有算法，但是该运算效率的优势是以低 SNR 和小快拍情形下的测向性能损失为代价取得的。

2.3 基于变分贝叶斯推断的稀疏阵列高分辨测向算法

2.3.1 稀疏阵列接收信号模型

不失一般性，在下文中以互质阵列为例表示稀疏阵列的接收信号模型，基于此模型推导出的DOA估计算法同样可应用于其他稀疏阵列。假设Q个远场窄带信号入射到M阵元的互质阵上，方位集合为$[\theta_1,\cdots,\theta_Q]$。信号波形服从零均值的高斯分布，且空时不相关。假设采样快拍数为N，则阵列接收信号可表示为

$$\boldsymbol{x}(t)=\boldsymbol{A}(\boldsymbol{\theta})\boldsymbol{s}(t)+\boldsymbol{v}(t),\quad t=0,1,\cdots,N-1 \tag{2-22}$$

式中：$\boldsymbol{x}(t)=[x_1(t),\cdots,x_M(t)]^{\mathrm{T}}$；$\boldsymbol{s}(t)=[s_1(t),\cdots,s_Q(t)]^{\mathrm{T}}$；$\boldsymbol{v}(t)=[v_1(t),\cdots,v_M(t)]^{\mathrm{T}}$；$x_m(t)$是第$m$个阵元接收的数据；$s_q(t)$是第$q$个信源的波形；$\boldsymbol{v}(t)$是$M\times 1$维的零均值高斯白噪声向量，且与信号不相关；$\boldsymbol{A}(\boldsymbol{\theta})=[\boldsymbol{a}(\theta_1),\cdots,\boldsymbol{a}(\theta_Q)]$是$M\times Q$维的阵列流形矩阵，其第$q$列的导向矢量可表示为

$$\boldsymbol{a}(\theta_q)=[\mathrm{e}^{-\mathrm{j}2\pi d_1\sin\theta_q/\lambda},\cdots,\mathrm{e}^{-\mathrm{j}2\pi d_M\sin\theta_q/\lambda}]^{\mathrm{T}} \tag{2-23}$$

式中：λ和d_m分别表示信号波长和第m个阵元的位置。阵列输出的协方差矩阵可被表示为

$$\boldsymbol{R}_x=E[\boldsymbol{x}(t)\boldsymbol{x}^{\mathrm{H}}(t)]=\boldsymbol{A}(\boldsymbol{\theta})\boldsymbol{R}_s\boldsymbol{A}^{\mathrm{H}}(\boldsymbol{\theta})+\sigma^2\boldsymbol{I}_M \tag{2-24}$$

式中：$\boldsymbol{R}_s=E[\boldsymbol{s}(t)\boldsymbol{s}^{\mathrm{H}}(t)]=\mathrm{diag}(\boldsymbol{p}_0)$表示信号协方差矩阵，对角元素$\boldsymbol{p}_0=[\sigma_1^2,\cdots,\sigma_Q^2]^{\mathrm{T}}$表示信号功率向量；$\sigma^2\boldsymbol{I}_M$表示噪声协方差矩阵。

向量化$\boldsymbol{R}_x$，并应用文献[33]中设计的去冗余操作，可得

$$\boldsymbol{z}_0=\boldsymbol{J}\mathrm{vec}(\boldsymbol{R}_x)=\boldsymbol{J}[\boldsymbol{A}^*(\boldsymbol{\theta})\otimes\boldsymbol{A}(\boldsymbol{\theta})]\boldsymbol{p}_0=\boldsymbol{B}(\boldsymbol{\theta})\boldsymbol{p}_0 \tag{2-25}$$

式中：$\boldsymbol{z}_0$表示去噪后的协方差向量；$\boldsymbol{J}=[\boldsymbol{J}_1,\cdots,\boldsymbol{J}_{M-1}]^{\mathrm{T}}$是一个$M(M-1)\times M^2$维的选择矩阵，$\boldsymbol{J}_m(m=1,\cdots,M-1)$可被表示为$\boldsymbol{J}_m=[\boldsymbol{e}_{(m-1)(M+1)+2},\cdots,\boldsymbol{e}_{m(M+1)}]\in\mathbf{R}^{M^2\times M}$，其中$\boldsymbol{e}_i[i=(m-1)(M+1)+2,\cdots,m(M+1)]$是第$i$个元素为1、其余元素为0的$M^2\times 1$维列向量；$\otimes$表示Khatri-Rao积。与式(2-22)相比，式(2-25)中的$\boldsymbol{z}_0$等价于阵列流形矩阵为$\boldsymbol{B}(\boldsymbol{\theta})=[\boldsymbol{b}(\theta_1),\cdots,\boldsymbol{b}(\theta_Q)]=\boldsymbol{J}[\boldsymbol{A}^*(\boldsymbol{\theta})\otimes\boldsymbol{A}(\boldsymbol{\theta})]$的虚拟阵列的单快拍接收数据。

实际上，未知量 $\boldsymbol{z}_0$ 可由 N 个快拍的时间平均估计得到，即 $\hat{\boldsymbol{z}}_0=\boldsymbol{J}\,\mathrm{vec}(\hat{\boldsymbol{R}}_x)=\boldsymbol{z}_0+\boldsymbol{\varepsilon}$，其中 $\hat{\boldsymbol{R}}_x=\sum_{t=1}^{N}\boldsymbol{x}(t)\boldsymbol{x}^{\mathrm{H}}(t)/N$，$\boldsymbol{\varepsilon}=\boldsymbol{J}\,\mathrm{vec}(\hat{\boldsymbol{R}}_x-\boldsymbol{R}_x)$ 是估计误差，其服从如下渐近正态分布[33]：

$$\boldsymbol{\varepsilon}_0\sim\mathcal{N}(\boldsymbol{\varepsilon}\mid\boldsymbol{0}_{M(M-1)\times 1},\boldsymbol{W}) \tag{2-26}$$

式中：$\boldsymbol{W}=\boldsymbol{J}(\hat{\boldsymbol{R}}_x^{\mathrm{T}}\otimes\hat{\boldsymbol{R}}_x)\boldsymbol{J}^{\mathrm{T}}/N$。进一步，将估计误差正则化，使其服从标准正态分布，即

$$\boldsymbol{z}=\boldsymbol{W}^{-1/2}\boldsymbol{z}_0=\bar{\boldsymbol{B}}\boldsymbol{p}_0+\boldsymbol{\varepsilon} \tag{2-27}$$

式中：$\boldsymbol{W}^{-1/2}$ 表示 Hermitian 矩阵 $\boldsymbol{W}^{-1}$ 的二次方根；$\bar{\boldsymbol{B}}=\boldsymbol{W}^{-1/2}\boldsymbol{B}(\boldsymbol{\theta})$；$\boldsymbol{\varepsilon}=\boldsymbol{W}^{-1/2}\boldsymbol{\varepsilon}_0$。

为了与压缩感知理论的标准模型对应起来，可将 $\boldsymbol{z}$ 在空域过完备角度集中进行稀疏表示如下：

$$\boldsymbol{z}=\boldsymbol{B}\boldsymbol{p}+\boldsymbol{\varepsilon} \tag{2-28}$$

式中：$\boldsymbol{B}=\boldsymbol{W}^{-1/2}\boldsymbol{B}(\boldsymbol{\Theta})$，$\boldsymbol{B}(\boldsymbol{\Theta})$ 表示空域离散角度集 $\boldsymbol{\Theta}=[\theta_1,\theta_2,\cdots,\theta_K]$ 中各点对应的导向矢量 $\boldsymbol{b}(\theta_k)$ 组成的集合；$\boldsymbol{p}$ 为 $\boldsymbol{p}_0$ 的补零扩展形式，非零元素仅出现在真实 DOA 格点处。因此，若向量 $\boldsymbol{p}$ 的第 k 个元素的估计值非零，则可推断出有一信源从方位 $\theta_k(k=1,2,\cdots,K)$ 处入射。

2.3.2　贝叶斯稀疏模型

若对式(2-28)所示的稀疏信号重构问题进行贝叶斯建模，则须首先将所有观测与未知变量均视为服从特定概率分布形式的随机变量，然后对包含所有这些变量的集合的联合分布进行定义。以 $p(\boldsymbol{z}\mid\boldsymbol{B},\boldsymbol{p},\delta)$ 表示观测数据 $\boldsymbol{z}$ 的条件概率分布，以 $p(\boldsymbol{p}\mid\boldsymbol{\gamma})$ 表示未知信源 $\boldsymbol{p}$ 的先验分布，为完成概率建模，须进一步对超参数 δ 和 $\boldsymbol{\gamma}$ 的先验分布进行建模。

为了对未知信源 $\boldsymbol{p}$ 进行建模，须引入分层先验结构。在第一层中，对 $\boldsymbol{p}$ 施加如下的零均值高斯先验分布：

$$p(\boldsymbol{p}\mid\boldsymbol{\gamma})=\mathcal{N}(\boldsymbol{p}\mid\boldsymbol{0},\boldsymbol{\Gamma}) \tag{2-29}$$

式中：$\boldsymbol{\gamma}=[\gamma_1,\cdots,\gamma_K]^{\mathrm{T}}$；$\boldsymbol{\Gamma}=\mathrm{diag}(\boldsymbol{\gamma})$。在第二层中，对 $\boldsymbol{\gamma}$ 中的每个元素 γ_i 施加如下的逆伽马先验分布：

$$p(\boldsymbol{\gamma}\mid\boldsymbol{\beta})=\prod_{k=1}^{K}\beta_k(\gamma_k)^{-2}\exp(-\beta_k/\gamma_k) \tag{2-30}$$

并对 $\boldsymbol{\beta}$ 施加如下的伽马先验分布：

$$p(\boldsymbol{\beta} \mid a,b)=\prod_{k=1}^{K} \frac{1}{\Gamma(a)} b^{a} \beta_{k}^{a-1} \exp(-b\beta_{k}) \tag{2-31}$$

式中：$\Gamma(a)=\int_{0}^{\infty} t^{a-1} \mathrm{e}^{-t} \mathrm{d}t$ 表示伽马函数。至此，所提概率模型包含三层先验。若将包含于第一层先验式(2-29)和第二层先验式(2-30)中的变量 $\boldsymbol{\gamma}$ 当作中间变量积分掉，则信源向量的边缘先验分布可表示为

$$\begin{aligned} p(\boldsymbol{p} \mid \boldsymbol{\beta}) &= \int p(\boldsymbol{p} \mid \boldsymbol{\gamma}) p(\boldsymbol{\gamma} \mid \boldsymbol{\beta}) \mathrm{d}\boldsymbol{\gamma} = \prod_{k=1}^{K} \int p(p_{k} \mid \gamma_{k}) p(\gamma_{k} \mid \beta_{k}) \mathrm{d}\gamma_{k} \\ &= \prod_{k=1}^{K} \frac{\beta_{k} \Gamma(3/2)}{\sqrt{2\pi}(0.5 p_{k}^{*} p_{k}+\beta_{k})^{3/2}} \end{aligned} \tag{2-32}$$

由式(2-32)可知，$\boldsymbol{p}$ 中的各个元素互相独立，均服从广义 t 分布。以 p_k 为例，决定其分布特性的参数分别为模 0、精度 β_k^{-1} 和自由度 2。图 2.1 为广义 t 分布、高斯分布和拉普拉斯分布的对数形式在二维平面的可视化图形。由图 2.1 可知，现有稀疏贝叶斯学习框架[39,40]中较常采用的高斯先验并不能得到稀疏重构结果，而广义 t 先验由于将大部分概率质量集中于原点附近，故倾向于选取接近 0 的信号系数作为重构结果。图 2.1 所示结果还表明，广义 t 分布的拖尾比文献[36]所采用的拉普拉斯分布的拖尾更“重”，在诱导重构结果的稀疏性方面更具优势。此外，加第三层先验式(2-31)的目的是推断 $\boldsymbol{\beta}$。若想进一步提高重构精度，则可将信源向量的先验分布设为混合高斯分布。这种设计思路将会在后面的章节中提及。

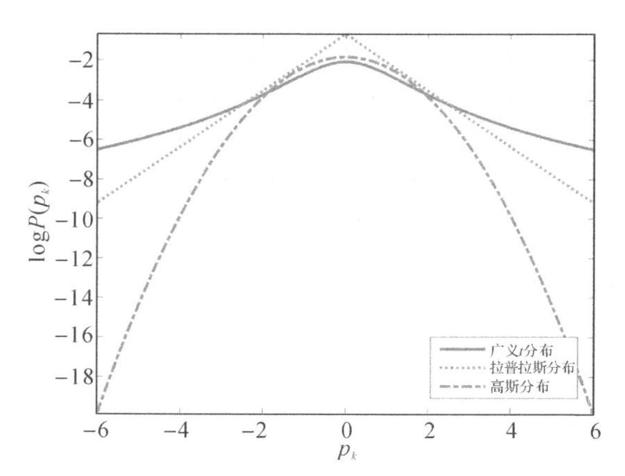

图 2.1　广义 t 分布、拉普拉斯分布与高斯分布的对数形式在二维平面的投影

现在对式(2-28)中 $M(M-1)\times 1$ 维的观测向量 $\boldsymbol{z}$ 进行概率建模，以完成

贝叶斯概率模型的搭建。对观测数据中的每个元素施加如下精度为 δ 的高斯先验：

$$p(\boldsymbol{z}|\boldsymbol{B},\boldsymbol{p},\delta)=\frac{1}{(2\pi)^{M(M-1)/2}\left|\delta^{-1}\boldsymbol{I}_{M(M-1)}\right|^{1/2}}\times \exp\left\{-\frac{1}{2}(\boldsymbol{z}-\boldsymbol{B}\boldsymbol{p})^{\mathrm{H}}\delta\boldsymbol{I}_{M(M-1)}(\boldsymbol{z}-\boldsymbol{B}\boldsymbol{p})\right\} \quad (2-33)$$

式中：δ 服从如下伽马先验：

$$p(\delta|c,d)=\frac{1}{\Gamma(c)}d^{c}\delta^{c-1}\exp(-d\delta) \quad (2-34)$$

联立式(2－33)、式(2－34)以及分层先验式(2－29)、式(2－30)和式(2－31)，可得到如下联合概率分布：

$$p(\boldsymbol{z},\boldsymbol{p},\boldsymbol{\gamma},\boldsymbol{\beta},\delta)=p(\boldsymbol{z}|\boldsymbol{B},\boldsymbol{p},\delta)p(\boldsymbol{\delta}|c,d)p(\boldsymbol{p}|\boldsymbol{\gamma})p(\boldsymbol{\gamma}|\boldsymbol{\beta})p(\boldsymbol{\beta}|a,b) \quad (2-35)$$

图 2.2 为式(2－35)中各变量间的依赖关系，其中箭头用来表明此模型为生成模型。

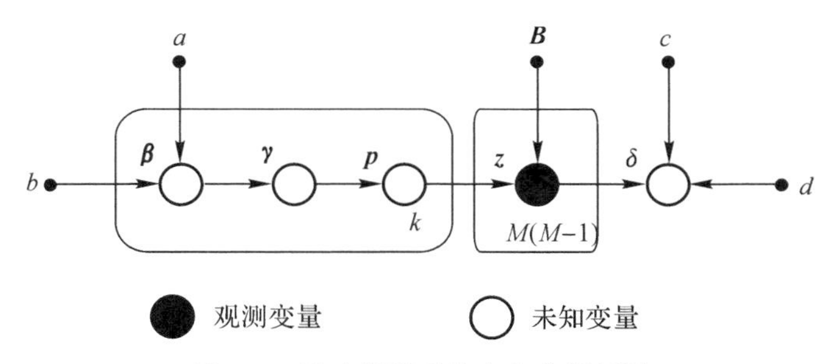

图 2.2　贝叶斯模型的有向非循环图

2.3.3　变分推断

变分贝叶斯方法[41-43]的核心思想在于找到近似的可分离后验分布，使得 Kullback-Leibler 散度与真实后验分布之间的距离最小。为达成此目标，须利用对数似然函数的如下分解形式：

$$\ln p(\boldsymbol{z})=\mathcal{L}(q)+KL(q\parallel p)=\int q(\boldsymbol{\xi})\ln\left[\frac{p(\boldsymbol{z},\boldsymbol{\xi})}{q(\boldsymbol{\xi})}\right]\mathrm{d}\boldsymbol{\xi}-\int q(\boldsymbol{\xi})\ln\left[\frac{p(\boldsymbol{\xi}\mid\boldsymbol{z})}{q(\boldsymbol{\xi})}\right]\mathrm{d}\boldsymbol{\xi} \quad (2-36)$$

式中：$\boldsymbol{\xi}$ 为由未知变量组成的集合，即 $\boldsymbol{\xi}=\{\boldsymbol{\beta},\boldsymbol{\gamma},\boldsymbol{p},\delta\}$。显然，将下界 $\mathcal{L}(q)$ 关于分布 $q(\boldsymbol{\xi})$ 最大化等价于最小化 KL 散度。为求解此优化问题，须对 $q(\boldsymbol{\xi})$ 做如下分解近似：

$$q(\boldsymbol{\xi})=q(\boldsymbol{p})q(\boldsymbol{\gamma})q(\boldsymbol{\beta})q(\delta) \quad (2-37)$$

利用此分解形式，易知只有当以下条件满足时，式(2－36)中KL散度的最小值才可得到[41-43]：

$$\ln q_j^*(\boldsymbol{\xi}_j)=E_{i\neq j}[\ln p(\boldsymbol{z},\boldsymbol{\xi})]+\text{const} \tag{2-38}$$

式中：符号$E_{i\neq j}[\ldots]$表示求关于q分布中除ξ_i之外的那些变量，即编号为$i\neq j$的那些变量的数学期望。变分贝叶斯算法即是一个迭代更新各个隐变量的过程。

根据式(2－38)，可写出因子$q(\boldsymbol{p})$的对数的更新公式：

$$\begin{aligned}\ln q^*(\boldsymbol{p})&=\langle\ln p(\boldsymbol{z}|\boldsymbol{B},\boldsymbol{p},\delta)p(\boldsymbol{p}|\boldsymbol{\gamma})\rangle_{q(\boldsymbol{\gamma})q(\delta)}+\text{const}\\&=\langle\delta\boldsymbol{p}^{\mathrm{H}}\boldsymbol{B}^{\mathrm{H}}\boldsymbol{z}-\frac{1}{2}\boldsymbol{p}^{\mathrm{H}}(\delta\boldsymbol{B}^{\mathrm{H}}\boldsymbol{B}+\boldsymbol{\Gamma}^{-1})\boldsymbol{p}\rangle_{q(\boldsymbol{\gamma})q(\delta)}+\\&\quad\text{const}\end{aligned} \tag{2-39}$$

式中：符号$\langle\cdot\rangle$表示求数学期望的操作，任何与变量$\boldsymbol{p}$无关的项被吸收进常数项const中。由于式(2－39)等号右边为$\boldsymbol{p}$的二次函数，所以$q^*(\boldsymbol{p})$可确定为服从高斯分布：

$$q^*(\boldsymbol{p})=\mathcal{N}(\boldsymbol{p}|\boldsymbol{\mu}_p,\boldsymbol{\Sigma}_p) \tag{2-40}$$

式中：均值$\boldsymbol{\mu}_p$和协方差矩阵$\boldsymbol{\Sigma}_p$可被分别表示为

$$\boldsymbol{\mu}_p=\langle\boldsymbol{\Gamma}\rangle\boldsymbol{B}^{\mathrm{H}}(\langle\delta^{-1}\rangle\boldsymbol{I}_{M(M-1)}+\boldsymbol{B}\langle\boldsymbol{\Gamma}\rangle\boldsymbol{B}^{\mathrm{H}})^{-1}\boldsymbol{z} \tag{2-41}$$

$$\boldsymbol{\Sigma}_p=\langle\boldsymbol{\Gamma}\rangle-\langle\boldsymbol{\Gamma}\rangle\boldsymbol{B}^{\mathrm{H}}(\langle\delta^{-1}\rangle\boldsymbol{I}_{M(M-1)}+\boldsymbol{B}\langle\boldsymbol{\Gamma}\rangle\boldsymbol{B}^{\mathrm{H}})^{-1}\boldsymbol{B}\langle\boldsymbol{\Gamma}\rangle \tag{2-42}$$

类似地，最优因子$q^*(\boldsymbol{\gamma})$可通过寻找$\ln q(\boldsymbol{\gamma})$中与$\boldsymbol{\gamma}$有关的项得到：

$$\begin{aligned}\ln q^*(\boldsymbol{\gamma})&=\langle\ln p(\boldsymbol{p}|\boldsymbol{\gamma})p(\boldsymbol{\gamma}|\boldsymbol{\beta})\rangle_{q(\boldsymbol{p})q(\boldsymbol{\beta})}+\text{const}\\&=\langle\sum_{k=1}^{K}\left(-\frac{3}{2}-1\right)\ln\gamma_k-\frac{p_k^*p_k/2+\beta_k}{\gamma_k}\rangle_{q(\boldsymbol{p})q(\boldsymbol{\beta})}+\text{const}\end{aligned} \tag{2-43}$$

观察式(2－43)可知，$q^*(\boldsymbol{\gamma})$是K个独立的逆伽马分布$\mathrm{IG}\left(\gamma_k|\frac{3}{2},\langle\beta_k\rangle+\frac{1}{2}\langle p_k^*p_k\rangle\right)$的乘积，其期望$\langle\gamma_k\rangle$可由下式计算：

$$\langle\gamma_k\rangle=\langle p_k^*p_k\rangle+2\langle\beta_k\rangle \tag{2-44}$$

$q^*(\boldsymbol{\beta})$可通过观察下式确定：

$$\begin{aligned}\ln q^*(\boldsymbol{\beta})&=\langle\ln p(\boldsymbol{\gamma}|\boldsymbol{\beta})p(\boldsymbol{\beta}|a,b)\rangle_{q(\boldsymbol{\gamma})}+\text{const}\\&=\langle\sum_{k=1}^{K}(a+1-1)\ln\beta_k-(\gamma_k^{-1}+b)\beta_k\rangle_{q(\boldsymbol{\gamma})}+\text{const}\end{aligned} \tag{2-45}$$

式(2－45)为K个独立的伽马分布$\mathrm{Gam}(\beta_k|\tilde{a},\tilde{b}_k)$的乘积的对数形式，其中，参数$\tilde{a}$和$\tilde{b}_k$分别由以下两式确定：

$$\tilde{a}=a+1 \tag{2-46}$$

$$\widetilde{b}_k = \langle \gamma_k^{-1} \rangle + b \tag{2-47}$$

因此，$\langle \beta_k \rangle$可通过下式确定：

$$\langle \beta_k \rangle = \frac{a+1}{\langle \gamma_k^{-1} \rangle + b} \tag{2-48}$$

其中

$$\langle \gamma_k^{-1} \rangle = 3 / [\langle p_k^* p_k \rangle + 2\langle \beta_k \rangle] \tag{2-49}$$

噪声精度的后验分布可由类似方法计算得到：

$$\begin{aligned} \ln q^*(\delta) &= \langle \ln p(\boldsymbol{z} \mid \boldsymbol{B}, \boldsymbol{p}, \delta) p(\delta \mid c, d) \rangle_{q(\boldsymbol{p})} + \text{const} \\ &= \langle \left[\frac{M(M-1)}{2} + c - 1 \right] \ln\delta - \left[\frac{1}{2} (\boldsymbol{z} - \boldsymbol{B}\boldsymbol{p})^{\mathrm{H}} \times \right. \\ &\left. (\boldsymbol{z} - \boldsymbol{B}\boldsymbol{p}) + d \right] \delta \rangle_{q(\boldsymbol{p})} + \text{const} \end{aligned} \tag{2-50}$$

对式(2－50)的等号两边取指数，可知 $q^*(\delta)$服从伽马分布：

$$q^*(\delta) = \mathrm{Gam}\left(\delta \,\middle|\, \frac{M(M-1)}{2} + c, \frac{1}{2} (\boldsymbol{z} - \boldsymbol{B}\langle \boldsymbol{p} \rangle)^{\mathrm{H}} (\boldsymbol{z} - \boldsymbol{B}\langle \boldsymbol{p} \rangle) + d \right) \tag{2-51}$$

若定义

$$\widetilde{c} = c + M(M-1)/2 \tag{2-52}$$

$$\widetilde{d} = d + \| \boldsymbol{z} - \boldsymbol{B}\boldsymbol{\mu}_p \|_2^2 / 2 + \mathrm{tr}(\boldsymbol{B}^{\mathrm{H}} \boldsymbol{B} \boldsymbol{\Sigma}_p) / 2 \tag{2-53}$$

则 δ 的估计值，即 δ 的均值可通过下式计算：

$$\langle \delta \rangle = \widetilde{c} / \widetilde{d} \tag{2-54}$$

DOA 估计过程即为迭代更新式(2－40)、式(2－43)、式(2－45)及式(2－51)所示的近似后验分布，直至收敛，该过程可总结如下：

(1)初始化，即在第“0”步迭代中，各隐变量的初始值分别设为 $\boldsymbol{p}^{(0)} = (\boldsymbol{B}^{\mathrm{H}}\boldsymbol{B})^{-1}\boldsymbol{B}^{\mathrm{H}}\boldsymbol{z}$，$\gamma_k^{(0)} = \beta_k^{(0)} = |p_k^{(0)}|^2$，$\delta^{(0)} = \dfrac{M(M-1)}{0.1 \times \|\boldsymbol{z}\|_2^2}$。为得到无信息先验分布，可将超参数设为如下较小的数值：$a = b = c = d = 10^{-6}$。

(2)在第 r 步中，依据式(2－41)、式(2－44)、式(2－48)及式(2－54)分别得到隐变量的估计值 $\boldsymbol{p}^{(r)}$，$\boldsymbol{\gamma}^{(r)}$，$\boldsymbol{\beta}^{(r)}$ 和 $\delta^{(r)}$。

(3)检查 $\boldsymbol{p}^{(r)}$ 的收敛条件是否得到满足，如果没有，就跳转回第(2)步继续迭代；否则，终止迭代过程。收敛判定条件为 $\| \boldsymbol{p}^{(r)} - \boldsymbol{p}^{(r-1)} \| \leqslant 10^{-4}$。

2.3.4　运算复杂度分析

本小节比较所提算法与其他现有 DOA 估计算法的运算复杂度。首先考虑单次循环中的复杂度。计算采样协方差矩阵$\hat{\boldsymbol{R}}_x$的复杂度为$O(M^2N)$；计算权矩阵$\boldsymbol{W}^{-1/2}$的复杂度为$O\{[M(M-1)]^3\}$；计算$\boldsymbol{W}^{-1/2}\boldsymbol{z}_0$的复杂度为$O\{[M(M-1)]^2\}$；此外，估计其余隐变量的复杂度为$O\{[M(M-1)]^2K\}$。因此，单次迭代所需的运算量约为$O\{[M(M-1)]^3+M^2N+[M(M-1)]^2K\}$。

按照同样的分析思路，CSA[32]算法、L1 - SRACV[13]算法、SBL[39, 40]算法和SPICE[29, 30]算法单次迭代所需的运算量分别为$O(M^3K^3)$，$O(M^3K^3)$，$O(M^2K)$和$O(M^3N)$。由多次仿真实验总结得到，所提算法的迭代次数少于CSA算法、L1 - SRACV算法和SBL算法，但却稍多于SPICE算法。此外，根据现有文献，SS - MUSIC算法的运算复杂度最小，约为$O\left\{\frac{N(D+1)}{2}+\left(\frac{D+1}{2}\right)^3\right\}$，其中，$D$表示虚拟阵元数。显然，SS - MUSIC算法比上述所有其他算法的计算效率都高，然而该优势是以低信噪比及小快拍数下DOA估计性能的损失为代价取得的。

2.3.5 算法讨论

从稀疏信号重构的角度出发，笔者于近年也提出一系列贝叶斯算法[39, 40]用以估计稀疏阵列接收的信源的DOA信息。这些算法是SBL准则在阵列信号DOA估计方面的应用，因此与其他贝叶斯类DOA估计算法一样存在技术瓶颈。这即是说，这些算法首先对稀疏信号系数施以简单的高斯先验模型，然后应用EM准则来求解相应的最大后验估计问题。然而，从贝叶斯建模的角度考虑，对信号系数加高斯先验并不能有效体现稀疏性，因为高斯分布在原点处“平坦”，但向两边快速衰减(见图2.1)，本节所提算法与笔者之前所提算法的区别主要体现在信号结构的建模方面。在所提算法中，信号系数的先验模型是分三层构造的，合成的先验服从广义t分布，其在原点处的概率质量分布更集中，并且向两边的下降趋势更平缓(与高斯分布相比)，因此可有效促进重构结果的稀疏性。此外，由于传统EM算法无法应用于复杂概率模型中进行参数推断，所以笔者采用应用范围更广的变分贝叶斯算法在本节所构造的生成模型中推断未知参数。所提算法的优越性将在随后的数值仿真中得到验证。

在本节所提算法中，笔者未将字典更新融合进信号重构过程中，因此传统稀疏重构算法中关注的离格问题并未得到解决。因此，后面章节中将考虑将所提变分贝叶斯算法推广到信号系数与稀疏字典同时更新的情况。考虑到本节所提算法的局限性，在以下仿真中，笔者假设所有信源的DOA均落在预先划分的空域格点上，因此离格问题可不予考虑。

2.4　仿真实验与分析

2.4.1　非均匀阵列 DOA 估计算法的性能比较

本小节中，笔者将采用多组仿真实验验证所提算法相比传统算法在非均匀阵列 DOA 估计性能方面体现出来的优越性。用以作为性能对比的算法包括 SS-MUSIC，L1-SVD，L1-SRACV 和 SPICE。此外，各算法的 DOA 估计性能将会与理论下界，即克拉美罗界(Cramer-Rao Lower Bound，CRLB)对比。仿真中所使用的阵列结构为 7 阵元的 NLA，若以 10 阵元 ULA 的阵列结构为参考，则该 NLA 的阵元占用关系可由向量 $\boldsymbol{p}=[1\ 0\ 1\ 1\ 1\ 1\ 1\ 1\ 0\ 0]^{\mathrm{T}}$ 描述。入射到阵列的多个窄带信号的波形从零均值的复高斯随机过程中采样得到。噪声信号在空时域上均服从复高斯分布，且与各信号不相关。对 $-90°\sim90°$ 的空域以 1° 为间隔进行采样，形成 180 个格点。所有仿真数据均是基于 MATLAB v.2015a 软件，在配备了主频为 3.40 GHz 的双核 CPU 的电脑上运行得到的。

假设 6 个等功率信号的入射方位集合为[$-40°$，$-20°$，0°，20°，40°，60°]，所有信号是相干的，即相关系数为 1。采样快拍数设为 100，所有信号的 SNR 均设为 0 dB。图 2.3 为 L1-SVD 算法与所提算法的归一化空间谱图，由图示结果可知，所提算法的角度分辨率比 L1-SVD 算法更高，这是由于所提算法利用插值数据扩展了 NLA 的阵列孔径，而 L1-SVD 算法仅利用了原始阵列输出数据。

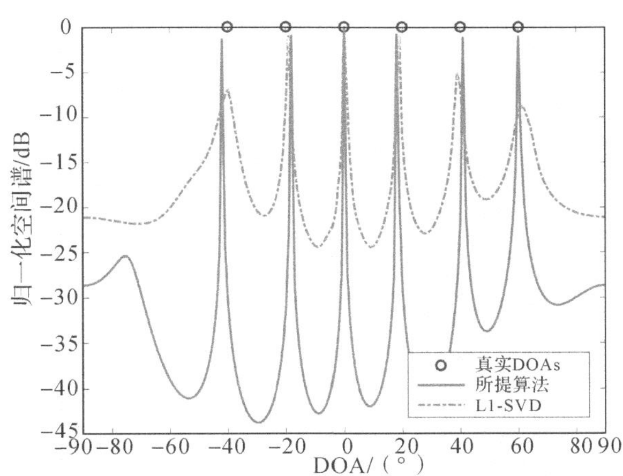

图 2.3　L1-SVD 算法与所提算法的归一化空间谱图

下面比较所提算法与其他对比算法的 DOA 估计均方根误差(Root Mean Square Error, RMSE)随输入 SNR 的变化情况。假设 3 个相关信源的入射方位分别为$-10°$, $20°$和 $28°$,采样快拍数固定为 100。信号 1 与信号 2 的相关系数为 0.6,信号 1 与信号 3 的相关系数为 0.8。前/后向平滑技术被应用于 MUSIC 算法中,以实现解相关操作,平滑子阵的阵元数目为 4。对 SS-MUSIC 算法来说,DOA 估计值可通过一维搜索,由空间谱峰所对应的方位值确定得到。由于信源的真实 DOA 在空域上的分布是连续的,所以有一定概率不能精确落在预设的离散化的空域格点上,SS-MUSIC 算法受网格失配因素的影响较大。此外,应用 SS-MUSIC 算法时应预知信源数目,且无论离散网格划分得如何精细,该算法在低 SNR 和小快拍情形下都无法取得令人满意的估计性能。考虑到本小节所设的仿真参数,网格失配现象可不用考虑,因为进一步提高网格划分的精度并不能显著提高 SS-MUSIC 算法的 DOA 估计精度,况且过密的空域网格会极大增加算法的计算量。图 2.4 所示 RMSE 曲线由 500 次 Monte Carlo 实验结果平均得到。图示结果表明,在整个 SNR 变化区间内,所提算法的 DOA 估计性能明显优于各对比算法,原因在于所提算法利用 EM 插值操作去拟合一个阵列孔径更大的 ULA 的接收数据,因此相比其他算法更能适应低 SNR 下的测向需求。此外,其他稀疏 DOA 估计算法以 ℓ_1 范数代替 ℓ_0 范数作为稀疏优化准则,并不能真实体现观测数据中信号系数的稀疏特性,而所提算法采用的先验模型可较好地表征信号系数的稀疏特性。现有文献已从理论上证明,笔者所采用的先验概率模型并不会给稀疏优化问题的全局收敛特性带来影响,反之,基于 ℓ_1 范数松弛的稀疏 DOA 估计算法可能会收敛至局部最优解。当 SNR 固定为 0 dB 时,各算法的平均运算时间的对比见表 2.1,据此可知,SS-MUSIC 算法的运算时间最短,在各种稀疏测向算法中,除 SPICE 算法外,所提算法的运算效率最高。然而,考虑到图 2.4 所示的 SPICE 算法和 SS-MUSIC 算法的较差的测向性能,所提算法为处理 NLA DOA 估计问题的最优选择。

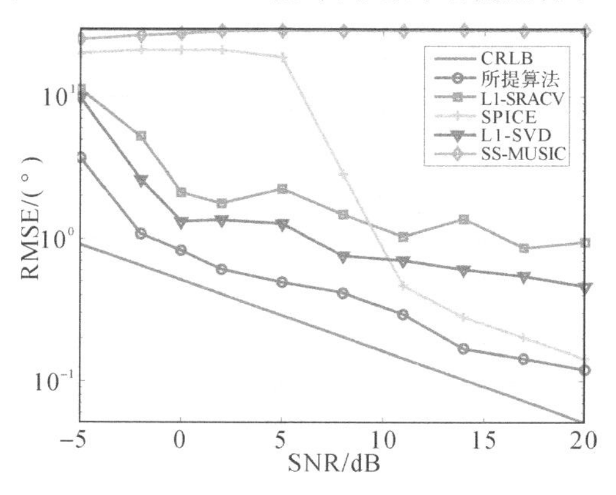

图 2.4 相关信源的 DOA 估计 RMSE 曲线随 SNR 的变化情况

表 2.1　各算法的平均运算时间对比 1

算　法	所提算法	L1 - SRACV	SPICE	L1 - SVD	SS - MUSIC
时间/s	0.116 1	0.624 2	0.037 2	0.206 9	0.003 8

随后，将 SNR 固定在 0 dB，将快拍数从 20 增加到 400，其余参数值的设置情况与上个仿真实验保持一致。图 2.5 所示的 RMSE 曲线的对比结果表明，所提算法的测向性能在不同快拍数下始终优于其他算法。

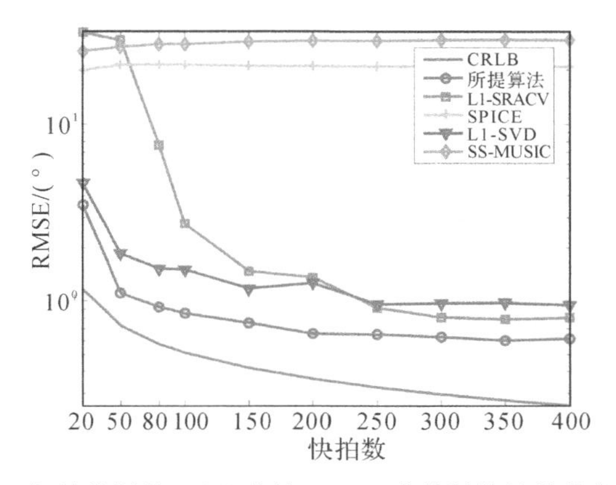

图 2.5　相关信源的 DOA 估计 RMSE 曲线随快拍数的变化情况

现将采样快拍数固定为 100，两相关系数为 0.7 的信源的 SNR 固定为 10 dB。当两信号的角度间隔从 5°增加到 15°时，各 DOA 估计算法的 RMSE 曲线的对比结果如图 2.6 所示，图示结果再次证实了所提算法相比其他算法在 DOA 估计精度方面所具有的优势。

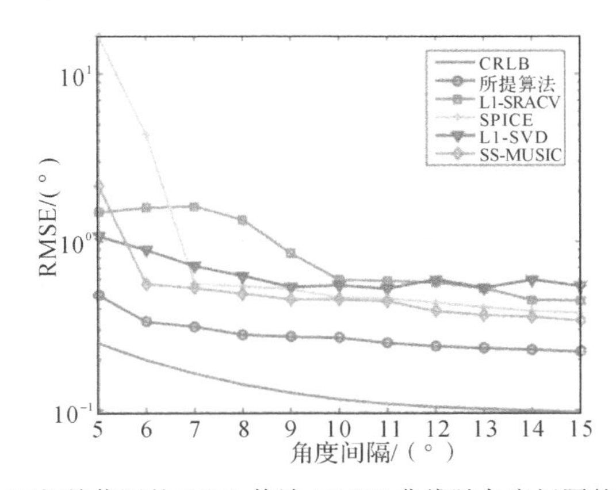

图 2.6　两相关信源的 DOA 估计 RMSE 曲线随角度间隔的变化情况

接着评估各算法在相干信号环境(即相关系数为 1)中的 RMSE。假设 3 个相干信源分别从$-10°$，$20°$和$28°$方位入射到 NLA 上，快拍数为 100，所有信号等功率，SNR 从-5 dB 增加到 20 dB，统计性能曲线如图 2.7 所示。根据图示结果可知，与其他 4 种算法相比，所提算法的 DOA 估计结果的 RMSE 更低。此信号环境中，各算法的 DOA 估计 RMSE 曲线随快拍数与角度间隔的变化情况与图 2.4 和图 2.5 类似，这里不再赘述。

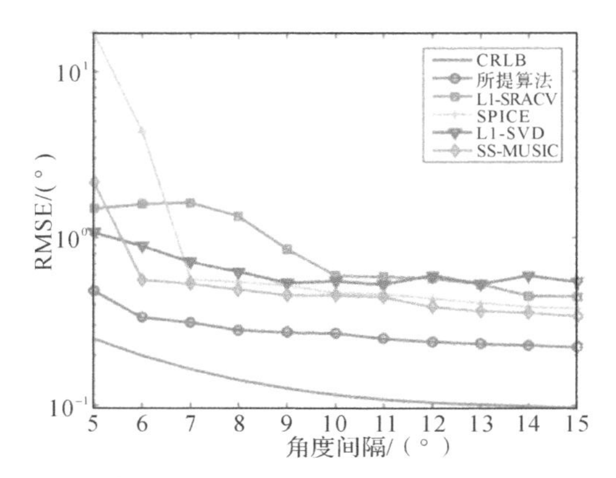

图 2.7 三相干信源的 DOA 估计 RMSE 曲线随 SNR 的变化情况

最后，将上一仿真环境应用于 10 阵元的 ULA 中。各算法的 RMSE 曲线随 SNR 的变化情况如图 2.8 所示，据此可知在整个 SNR 变化区间内，所提算法均可达到最优的 DOA 估计性能。同样，RMSE 曲线随快拍数与角度间隔的变化情况与图 2.4 和图 2.5 类似，此处省略。

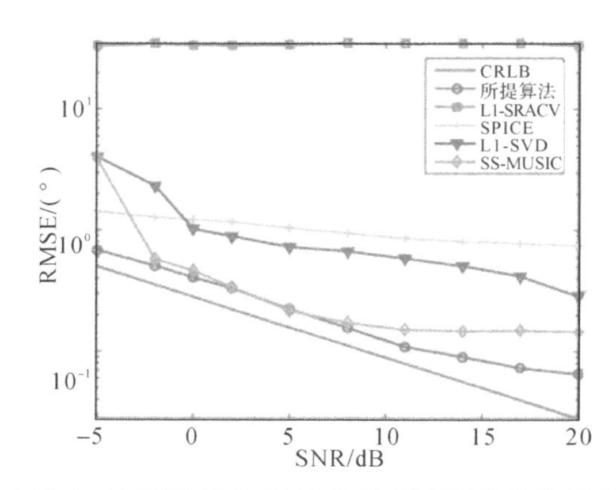

图 2.8 ULA 阵中三相干信源的 DOA 估计 RMSE 曲线随 SNR 的变化情况

2.4.2　稀疏阵列 DOA 估计算法的性能比较

本小节检验所提算法在窄带独立信号环境中的 DOA 估计性能，对比算法包括 SS - MUSIC，CSA，SPICE，SBL[39, 40]，VB[36] 以及 L1 - SRACV 算法，所有算法的角度估计结果均与 CRLB[44] 对比。仿真中使用的稀疏阵为 6 阵元的互质阵，阵元位置坐标为 $[0,2,3,4,6,9]\frac{\lambda}{2}$。此外，超完备角度集 $\boldsymbol{\Theta}$ 是将空域 [−90°,90°] 以 1°为间隔均匀离散化后得到的。

首先，仿真欠定 DOA 估计情形。假设 7 个等功率信号的入射方位集为 {−50°,−35°,−10°,5°,20°,30°,45°}，SNR 均设为 0 dB。采样快拍数设为 100。所提算法与 SS - MUSIC 算法在某次仿真实验中的空间谱如图 2.9 所示。根据图示结果可知，所提算法能准确分辨所有信源，且分辨率比 SS - MUSIC 算法高。此仿真结果也表明，SS - MUSIC 算法估计出的信号方位有所偏移，这也从侧面印证了所提算法相比于 SS - MUSIC 算法在超分辨方面具有的性能优势。对这一现象的解释可从以下两个方面进行：①所提算法利用扩展后的虚拟阵列估计信号 DOA，而 SS - MUSIC 算法中应用的空间平滑操作使可利用的虚拟阵列孔径减半。②为准确分离出信号子空间与噪声子空间，SS - MUSIC 算法往往需在大快拍数与高 SNR 下对采样协方差矩阵进行特征分解，而所提算法由于通过构造合适的先验模型以充分挖掘信号的空域稀疏特性，所以在低 SNR、小快拍数与未知信源数等非理想环境中体现出更高的稳健性。

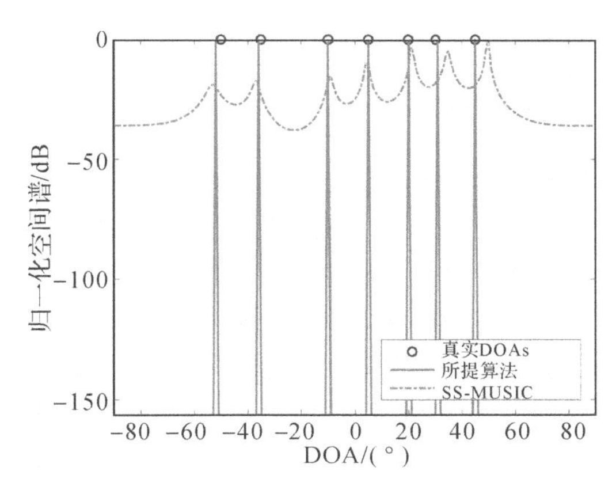

图 2.9　互质阵中 SS - MUSIC 算法与所提算法的 DOA 估计的归一化空间谱图

其次，笔者进行 500 次 Monte Carlo 实验以比较各算法角度估计结果的 RMSE。假设两等功率信号的入射方位分别为 $-3°$ 和 $3°$，两信号不相关，采样快拍数为 100，测量噪声为高斯白噪声。若 SNR 的变化范围为 $-10\sim20$ dB，则各算法的 RMSE 曲线如图 2.10 所示，运算时间见表 2.2。图 2.10 所示结果表明，所提算法估计结果的 RMSE 低于其他对比算法，这是因为笔者所构建的分层先验模型能够准确辨识淹没在复杂噪声背景中的有效信号，所以对信号稀疏性的利用更加充分。除此之外，所提算法能够充分利用所有虚拟阵元的有效信息，而其他算法仅能利用物理阵元的接收信息或虚拟阵列的连续部分的接收信息，故互质阵列的虚拟扩展孔径仅在所提算法中得以全部展现，此性质为测向精度的提高奠定了良好基础。表 2.2 所示结果表明，所提算法的平均计算时间远小于 CSA，L1 - SRACV 和 SBL 算法。尽管 SS - MUSIC 算法和 SPICE 算法可达到更低的运算复杂度，但若考虑到其在低 SNR 下的高 DOA 估计误差，则这两种算法仍是不可取的。

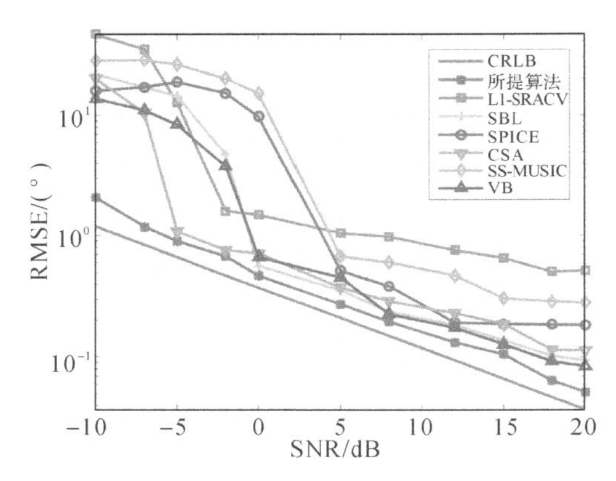

图 2.10　互质阵中两独立信源的 DOA 估计 RMSE 曲线随 SNR 的变化情况

表 2.2　各算法的平均运算时间对比 2

算　法	CSA	L1 - SRACV	SS - MUSIC	所提算法	SBL	SPICE
时间/s	0.524 3	0.407 1	0.002 4	0.293 7	2.509 0	0.026 8

上述算法测向性能随快拍数与角度间隔的变化情况也须加以检验。在绘制 RMSE 随快拍数变化的曲线时，SNR 被固定在 0 dB，快拍数的变化范围为 50～500，其余参数设置值与图 2.10 保持一致，绘制结果如图 2.11 所示。在绘制 RMSE 随两信源角度间隔变化的曲线时，快拍数被固定为 100，SNR 被固定为 0 dB，角度间隔变化范围为 3°～13°，其余参数设置值如前，绘制结果如图 2.12 所示。该组仿真结果再次证实了所提算法在 DOA 估计精度方面相比其他算法

所具有的优势。

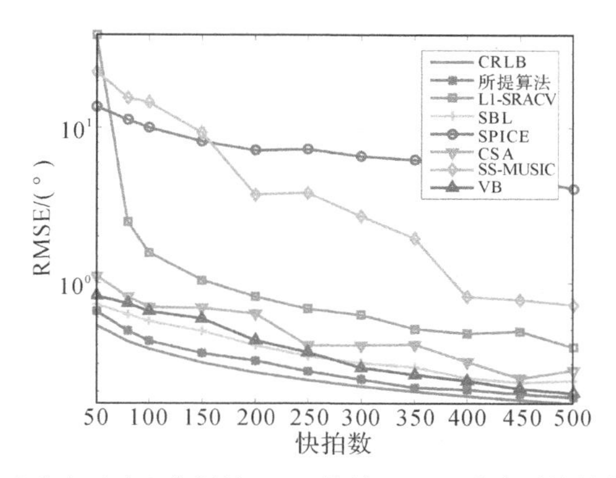

图 2.11　互质阵中两独立信源的 DOA 估计 RMSE 曲线随快拍数的变化情况

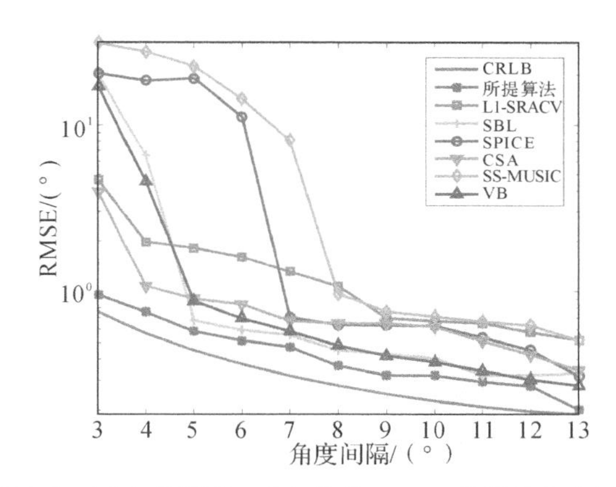

图 2.12　互质阵中两独立信源的 DOA 估计 RMSE 曲线随角度间隔的变化情况

现将阵列结构变更为 6 阵元嵌套阵，重复以上仿真实验，各算法的测向性能随 SNR、快拍数及角度间隔的变化情况分别如图 2.13、图 2.14 和图 2.15 所示。仿真结果表明，所提算法的测向性能显著优于其他算法。

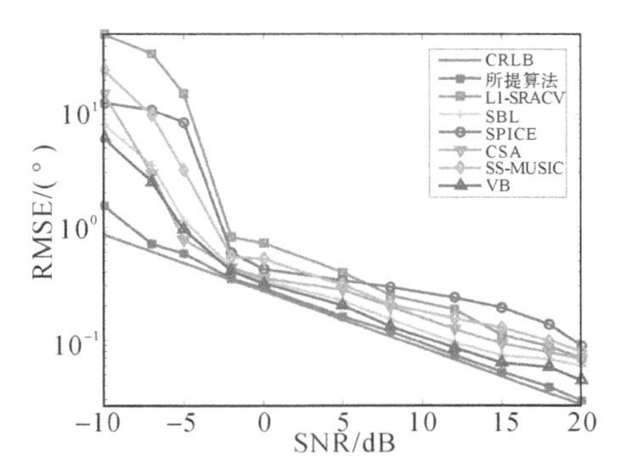

图 2.13　嵌套阵中两独立信源的 DOA 估计 RMSE 曲线随 SNR 的变化情况

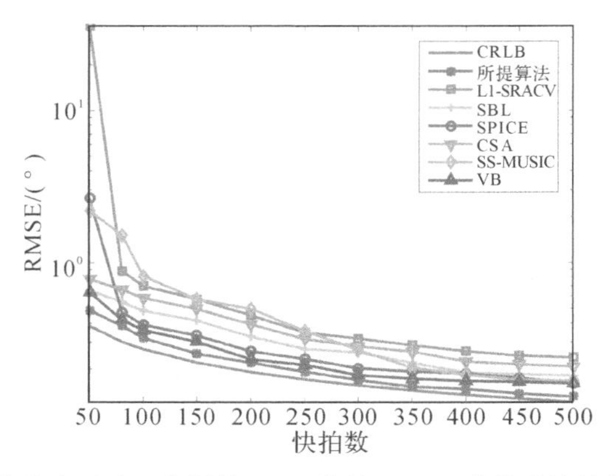

图 2.14　嵌套阵中两独立信源的 DOA 估计 RMSE 曲线随快拍数的变化情况

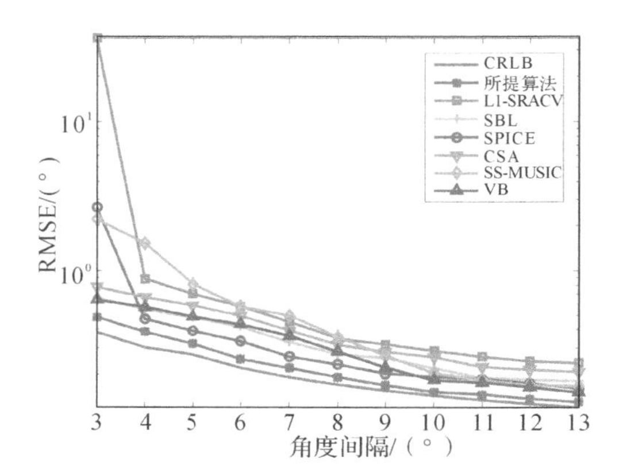

图 2.15　嵌套阵中两独立信源的 DOA 估计 RMSE 曲线随角度间隔的变化情况

最后，为验证所提算法在欠定 DOA 估计情形中的优越性能，笔者做如下假设：7 个窄带信号同时入射到 6 阵元的互质阵或嵌套阵上，方位集合为[−40°,−20°,−5°,10°,25°,40°,55°]，采样快拍数为 100，SNR 变化范围为−10～20 dB。各算法的测向性能如图 2.16 和图 2.17 所示。此外需要指出的是，由于 L1 - SRACV 算法和 VB 算法无法分辨多于物理阵元数目的信号，所以以下实验不评测这两种算法的测向性能。仿真结果表明，在整个 SNR 变化区间，所提算法的测向精度最高。欠定情形中，各算法的 DOA 估计 RMSE 曲线的变化情况与图 2.11、图 2.12、图 2.14 和图 2.15 类似，这里不再赘述。

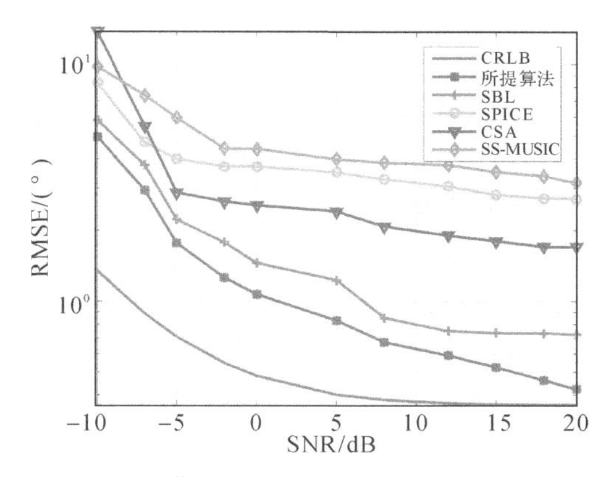

图 2.16　互质阵中七独立信源的 DOA 估计 RMSE 曲线随 SNR 的变化情况

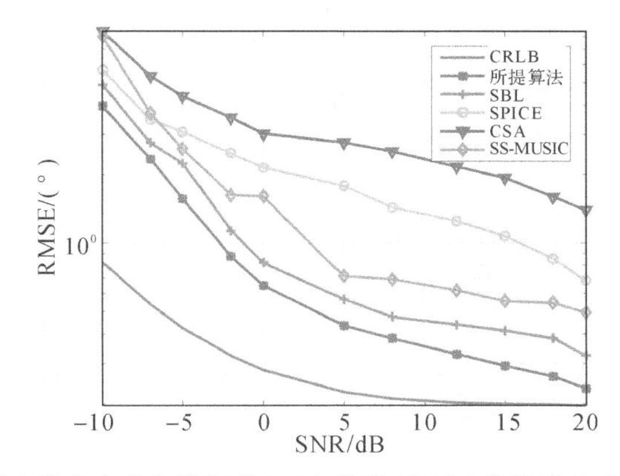

图 2.17　嵌套阵中七独立信源的 DOA 估计 RMSE 曲线随 SNR 的变化情况

2.5 本章小结

本章的研究内容分为两部分。第一部分，笔者将 SBL 理论应用于检测 NLA 所观测的信源这一实际问题中。所提算法由于采用插值操作拟合虚拟长 ULA 的观测数据，所以可极大扩展阵列孔径，提高角度分辨能力。笔者还将所提算法应用于一类特殊的 NLA 结构中，并证实所提算法能够准确分辨相关信源的 DOA。然而，笔者所提测向算法并不能推广应用至任意 NLA 中，比如阵元间距不为 $\lambda/2$ 整数倍的 NLA，此种构型的阵列在 ULA 受实际物理条件限制无法配置等应用环境中出现。实际上，该不规则阵列的阵元位置坐标并不是一个虚拟 ULA 阵元位置坐标集的子集，因此笔者所提算法并不能被用来重构缺失阵元的接收数据，换言之，笔者所构造的转换矩阵不能是奇异的，否则所提算法会收敛至奇异解，无法精确重构出完全数据。此问题的解决有赖于日后研究。第二部分，笔者提出了一种有效的稀疏阵列贝叶斯 DOA 估计方法，该方法基于分层概率图模型表征各信号参数间的依赖关系，并利用变分推断技术得到各隐变量的后验分布。理论分析表明，所提分层先验模型比传统模型具有更高的稀疏度，所提变分推断算法在降低运算量的同时，对隐变量的真实后验分布具有更高的拟合精度。仿真结果证实所提算法相比其他算法具有更高的 DOA 估计精度。

2.6 本章参考文献

[1] KRIM H, VIBERG M. Two decades of array signal processing research: the parametric approach[J]. IEEE Signal Process. Mag. ,1996, 13 (4) : 67 - 94.

[2] STOICA P, MOSES R L. Spectral analysis of signals, upper saddle river[M]. New Jersy: Pearson/Prentice-Hall, 2005.

[3] BOUDAHER E, AHMAD F, AMIN M G, et al. Mutual coupling effect and compensation in non-uniform arrays for direction-of-arrival estimation [J]. Dig. Signal Process. , 2017,61 (2):3 - 14.

[4] TAN Z, NEHORAI A. Sparse direction of arrival estimation using co-prime arrays with off-grid targets[J]. IEEE Signal Process. Lett. ,2014, 21 (1):26 - 29.

[5] WEI L, SHAO W, QI W, et al. Peak-to-peak search: fast and accurate DOA estimation method for arbitrary non-uniform linear array[J]. Electron. Lett. , 2015,51 (25):2078 - 2080.

[6] ZHANG M, ZHI Z. Direction finding of coherent sources with nonlinear arrays[J]. Circuits Syst. Signal Process. ,1996, 15 (1):137 - 144.

[7] TUNCER T E, YASAR T K, FRIEDLANDER B. Direction of arrival estimation for nonuniform linear arrays by using array interpolation[J]. Radio Science,2007, 42 (4):11.

[8] TUNCER T E, FRIEDLANDER B. Eds. classical and modern direction-of-arrival estimation[M]. Boston: Academic Press, 2009.

[9] SCHMIDT R O. Multiple emitter location and signal parameter estimation[J]. IEEE Trans. Antennas Propag. ,1986, 34 (3):276 - 280.

[10] SHAN T J, WAX M, KAILATH T. On spatial smoothing for direction-of-arrival estimation of coherent signals[J]. IEEE Trans. Acoust. Speech, Signal Process. ,1985, 33 (4): 806 - 811.

[11] MALIOUTOV D M, CETIN M, WILLSKY A S. Homotopy continuation for sparse signal representation[C]// Internat. Conf. Acoustics, Speech, Signal Process. (ICASSP). Philadelphia, 2005:18 - 23.

[12] MALIOUTOV D, CETIN M, WILLSKY A S. A sparse signal reconstruction perspective for source localization with sensor arrays[J]. IEEE Trans. Signal Process. ,2005, 53 (8):3010 - 3022.

[13] YIN J, CHEN T. Direction-of-arrival estimation using a sparse representation of array covariance vectors[J]. IEEE Trans. Signal Process. , 2011, 59 (9): 4489 - 4493.

[14] STOICA P, BABU P, LI J. SPICE: a sparse covariance-based estimation method for array processing[J]. IEEE Trans. Signal Process. , 2011, 59 (2): 629 - 638.

[15] TIPPING M E. Sparse Bayesian learning and the relevance vector machine[J]. J. Mach. Learn. Res. ,2001, 1: 211 - 244.

[16] LIU Z M, HUANG Z T, ZHOU Y Y. An efficient maximum likelihood method for direction-of-arrival estimation via sparse Bayesian learning[J]. IEEE Trans. Wireless Commun. ,2012, 11 (10):3607 - 3617.

[17] DEMPSTER A P, LAIRD N M, RUBIN D B. Maximum likelihood from incomplete via the EM algorithm[J]. J. R. Stat. Soc. ,1977, 39 (2): 1 - 38.

[18] MIN S, SEO D, LEE K B, et al. Direction-of-arrival tracking scheme for DS/CDMA systems: direction lock loop[J]. IEEE Trans. Wireless Commun. ,2004, 3 (1): 191 - 202.

[19] GERSHMAN A B, RUBSAMEN M, PESAVENTO M. One-and two-dimensional direction-of-arrival estimation: an overview of search-free techniques[J]. Signal Process. ,2010, 90 (5): 1338 - 1349.

[20] WU Y, HOU C, LIAO G, et al. Direction-of-arrival estimation in the presence of unknown nonuniform noise fields[J]. IEEE J. Ocean. Eng. ,2006, 31 (2): 504 - 510.

[21] HOCTOR R T, KASSAM S. The unifying role of the coarray in aperture synthesis for coherent and incoherent imaging[J]. Proc. IEEE, 1990,78 (4): 735 - 752.

[22] ABRAMOVICH Y I, GRAY D A,GOROKHOV A Y, et al. Positive-definite Toeplitz completion in DOA estimation for nonuniform linear antenna arrays. I. Fully augmentable arrays[J]. IEEE Trans. Signal Process. ,1998, 46 (9): 2458 - 2471.

[23] ABRAMOVICH Y I, SPENCER N K, GOROKHOV A Y. Positive-definite Toeplitz completion in DOA estimation for nonuniform linear antenna arrays. Ⅱ. Partially augmentable arrays[J]. IEEE Trans. Signal Process. ,1999, 47 (6):1502 - 1521.

[24] MA W K, HSIEH T H, CHI C Y. DOA estimation of quasi-stationary signals with less sensors than sources and unknown spatial noise covariance: a Khatri - Rao subspace approach [J]. IEEE Trans. Signal Process. ,2009, 58 (4): 2165 - 2168.

[25] VAIDYANATHAN P P,PAL P. Sparse sensing with co-prime samplers and arrays[J]. IEEE Trans. Signal Process. ,2011,59 (2): 573 - 586.

[26] PAL P, VAIDYANATHAN P P. Nested arrays: a novel approach to array processing with enhanced degrees of freedom[J]. IEEE Trans. Signal Process. ,2010, 58 (8):4167 - 4181.

[27] PAL P, VAIDYANATHAN P P. Coprime sampling and the MUSIC algorithm[M]. IEEE Digit. Signal Process. Workshop and IEEE Signal Process. Educ. Workshop (DSP/SPE), 2011.

[28] YIN J, CHEN T. Direction-of-arrival estimation using a sparse representation of array covariance vectors[J]. IEEE Trans. Signal Process. , 2011, 59 (9):4489 - 4493.

[29] STOICA P, BABU P. SPICE and LIKES: two hyperparameter-free methods for sparse-parameter estimation[J]. Signal Process. , 2012,92 (7):1580 - 1590.

[30] STOICA P, ZACHARIAH D, LI J. Weighted SPICE: a unifying approach for hyperparameter-free sparse estimation [J]. Digit. Signal Process. ,2014, 33:1 - 12.

[31] LIU Z, ZHOU Y. A unified framework and sparse Bayesian perspective for direction-of-arrival estimation in the presence of array imperfections

[J]. IEEE Trans. Signal Process. ,2013, 61 (15):3786 - 3798.
[32] HE Z Q, SHI Z P, HUANG L. Covariance sparsity-aware DOA estimation for nonuniform noise[J]. Dig. Signal Process. ,2014,28 (2):75 - 81.
[33] DAS A, ZACHARIAH D, STOICA P. Comparison of two hyperparameter-free sparse signal processing methods for Direction-of-Arrival tracking in the HF97 ocean acoustic experiment[J]. IEEE J. Ocean. Eng. ,2018,43 (3):725 - 734.
[34] DAS A. Deterministic and Bayesian Sparse signal processing algorithms for coherent multipath Directions-of-Arrival (DOAs) estimation[J]. IEEE J. Ocean. Eng. ,2018, 99:1 - 15.
[35] LIU Z, HUANG Z, ZHOU Y. Sparsity-inducing direction finding for narrowband and wideband signals based on array covariance vectors[J]. IEEE Trans. Wirel. Commun. ,2013, 12 (8):1 - 12.
[36] BAZZI A, SLOCK D T, MEILHAC L. Sparse recovery using an iterative variational Bayes algorithm and application to AoA estimation[C]// 2016 IEEE International Symposium on Signal Processing and Information Technology. 2016:197 - 202.
[37] WIPF D P, RAO B D. Sparse Bayesian learning for basis selection[J]. IEEE Trans. Signal Process. ,2004, 52 (8): 2153 - 2164.
[38] WIPF D P, RAO B D. An empirical Bayesian strategy for solving the simultaneous sparse approximation problem[J]. IEEE Trans. Signal Process. ,2007, 55 (7):3704 - 3716.
[39] YANG J, LIAO G, LI J. An efficient off-grid DOA estimation approach for nested array signal processing by using sparse bayesian learning strategies[J]. Signal Process. ,2016, 128:110 - 122.
[40] YANG J, YANG Y, LIAO G, et al. A super-resolution direction of arrival estimation algorithm for coprime array via sparse bayesian learning inference [J]. Circuits Syst. Signal Process. ,2018, 37 (5) :1907 - 1934.
[41] SMIDL V, QUINN A. The variational Bayes method in signal processing[M]. New York: Springer-Verlag, 2005.
[42] TZIKAS D G, LIKAS A C, GALATSANOS N P. The variational approximation for Bayesian inference[J]. IEEE Signal Process. Mag. , 2008, 25 (6):131 - 146.

[43] FIGUEIREDO M A. Adaptive sparseness for supervised learning[J]. IEEE Trans. Pattern Anal. Mach. Intell. ,2003, 25 (9):1150 - 1159.

[44] LIU C L, VAIDYANATHAN P P. Cramér - Rao bounds for coprime and other sparse arrays, which find more sources than sensors[J]. Digit. Signal Process. ,2017,61:43 - 61.

第3章 基于分层合成Lasso先验的稀疏贝叶斯离格DOA估计算法

3.1 引 言

在本章中,笔者基于近年来兴起的贝叶斯机器学习理论[1,2],提出一种稀疏离格DOA估计方法。众所周知,贝叶斯推断因其多方面的优点,如对模型参数的自适应估计[3]、对待重构信号的结构特征的灵活利用[4]、对重构误差的定量分析[5]等,在信号处理领域得到广泛应用。该技术的核心在于对信号系数施加参数化先验,以促进稀疏表征,同时利用第二类最大似然估计器[6-8]实现参数学习。然而,若先验模型选取不当,则所得到的稀疏估计器具有收敛速度慢和运算复杂度高等缺陷[9-11]。此外,先验模型选取不当还会降低重构结果的稀疏度。本章所提算法即是通过优化分层先验模型来达到降低重构误差和提高稀疏度的目的。

DOA估计技术[12-15]通过寻找空间谱峰来确定入射到阵列上的信源的方位,并在无线通信、声呐、雷达、医学成像等领域得到应用。过去几十年中,众多研究者已从多角度对此技术进行深入研究,并提出一系列经典算法,其中的代表性成果为子空间类算法,如MUSIC算法[16]和ESPRIT算法[17]。文献[18]已证明,在非相关信号环境中,当快拍数趋于无穷时,子空间类算法与最大似然(Maximum Likelihood, ML)算法等效。然而,在低SNR、相关信源或小快拍数情形下,子空间类算法将失效。为处理相关信号,可将空间平滑预处理技术[19]应用于子空间类算法中,以实现对入射信号的解相关操作。该技术的缺点在于会损失阵列孔径。

近年来,将感兴趣信号在给定字典集中进行稀疏表示引起了国内外学者的广泛关注,由此催生了压缩感知(Compressed Sensing, CS)[20-23]技术的发展。

时至今日，稀疏测向理论的框架已日趋完善，并形成了以凸规划类[24]、贪婪类[25]及稀疏贝叶斯学习类[1,3,26]为代表的高效算法。例如，Malioutov 等人[27]利用 ℓ_1 -范数作为惩罚项以促使测向算法收敛至稀疏解，最终利用迭代算法求解构造的优化问题，该算法也被称为 ℓ_1 - SVD 算法。此算法的主要缺陷在于权衡稀疏惩罚项和数据拟合度的正则化参数无法自适应估计。Jun Fang 等人提出超分辨迭代重加权(Super-Resolution Iterative Reweighted, SURE - IR)算法[28]来重构稀疏信号，但是与 ℓ_1 -范数优化类算法相比，此算法的全局收敛性无法得到保证。Zai Yang[29] 和 Zhangmeng Liu[30] 基于 SBL 理论分别提出了 OGSBI 算法和 iRVM 算法。这两种算法分别利用拉普拉斯分布和高斯分布作为信号系数的稀疏先验模型。理论分析和仿真结果证明了 SBL 类算法在降低结构误差(即寻优到的全局极小点存在偏差)和收敛误差(即无法收敛至全局极小点)方面比子空间类和 ℓ_1 -范数优化类[31]算法有明显优势。然而，SBL 类算法在如何选取稀疏先验模型以充分利用接收数据的统计特性方面没有明确可依循的准则[5-7]。

尽管现有的稀疏重构类算法已在 DOA 估计精度方面相比传统子空间类算法有了巨大提升，然而这类算法在实际应用中仍须解决真实 DOA 可能无法落在预设方位格点上的问题[32,33]。为克服此缺陷，一些研究者提出了针对稀疏信号重构模型的改进方案，即将离格模型引入 DOA 估计过程中，并假设格点误差服从均匀分布，应用此模型设计出的算法称为 OGSBI 算法[29]，其测向性能优于传统稀疏重构类算法。然而，高阶模型失配误差的存在，使得 OGSBI 算法的角度估计精度仍不能达到理想目标。另一种处理网格失配问题的稀疏测向算法称为 SURE - IR 算法[28]。该算法在每一步迭代中同时重构稀疏信号系数与更新预设字典。SURE - IR 算法的缺陷在于容易收敛至局部极小点，且在网格尺寸过大时不稳健。

由于上述算法存在各种各样的性能缺陷，所以须提出一种新的稀疏测向算法以增强稳健性。笔者所提算法的第一个创新点在于建立了分层模型以合成自适应 Lasso 先验，即分别利用拉普拉斯分布和伽马分布作为稀疏信号向量和超参数向量的先验分布函数。如本章仿真结果所示，该先验模型在减小重构误差和提高重构稀疏度方面具有优势。

第二个创新点在于提出了估计分层概率模型中各参数的高效方法。由于拉普拉斯分布和高斯分布(对应于观测数据的似然模型)不构成共轭分布对(即由贝叶斯公式计算得到的后验分布与所设的先验分布具有不同的数学形式)，因此参数推断过程无法进行。为了解决此问题，笔者对拉普拉斯先验进行变分近似，所求得的后验分布为真实分布的下界，且符合高斯分布的数学形式。引入此下界的目的在于方便推导出可求得最优后验估计值的可解算法。笔者将证明所设计的算法在收敛速度、估计结果的稀疏度和 RMSE 等方面具有优越性能。

第三个创新点在于笔者设计了一种字典更新策略以消除重构结果非零元素位置与预设空域格点不吻合引起的离散化误差。角度精估值可由空间谱峰对应的角度粗估值经细化得到。与现有的格点误差校正算法不同，所提算法基于变分贝叶斯框架，利用运算复杂度低的一维搜索过程，通过最大化边缘似然函数，使得匹配真实信号方位的离散角度集得以确定。仿真实验将证实此格点更新方法的有效性。

本章内容安排如下：3.2 节简要介绍贝叶斯 DOA 估计框架。3.3 节介绍分层贝叶斯生成模型以表征稀疏信号，包括对所提先验模型的稀疏促进性的证明。3.4 节提出基于分层合成 Lasso 先验的离格 DOA 估计算法，此节所提算法可被认为是基于局域变分推断的贝叶斯学习技术在测向问题中的应用实例。3.5 节利用仿真数据检验所提算法的测向性能，并与其他现有算法的性能对比。3.6 节对本章内容进行小结。

3.2　信号模型

以 M 阵元的 ULA 为例，假设 K 个窄带信源从方位集合 $\boldsymbol{\theta}=[\theta_1,\cdots,\theta_K]$ 入射到阵列上，接收的加性噪声表示为 $n_m(t)$，阵元输出表示为 $y_m(t)$，$m\in[1,\cdots,M]$。从方位 θ_k 入射的第 k 个信源对应的导向矢量可表示为 $\boldsymbol{a}(\theta_k)$，其第 i 个元素的表达式为 $\mathrm{e}^{\mathrm{j}(2\pi/\lambda)d_i\sin\theta_k}$，其中，$\lambda$ 表示波长，d_i 表示第 i 个阵元的位置。对于某一特定时刻，基带的观测数据可表示为

$$\boldsymbol{y}(t)=\boldsymbol{A}(\boldsymbol{\theta})\boldsymbol{x}(t)+\boldsymbol{n}(t) \tag{3-1}$$

式中：$\boldsymbol{A}(\boldsymbol{\theta})=[\boldsymbol{a}(\theta_1),\cdots,\boldsymbol{a}(\theta_K)]$ 表示阵列流形矩阵；$x_k(t)$ 表示第 k 个信源在时刻 t 的波形，$\boldsymbol{x}(t)=[x_1(t),\cdots,x_K(t)]^{\mathrm{T}}$。假设噪声向量 $\boldsymbol{n}(t)$ 中各元素为独立同分布的随机变量，且服从复高斯分布 $\mathcal{CN}(\boldsymbol{0},\sigma^2\boldsymbol{I}_M)$。

将采样信号堆叠起来，可将接收信号 $\boldsymbol{Y}=[\boldsymbol{y}(t_1),\cdots,\boldsymbol{y}(t_L)]$ 表示为

$$\boldsymbol{Y}=\boldsymbol{A}(\boldsymbol{\theta})\boldsymbol{X}+\boldsymbol{N} \tag{3-2}$$

式中：$\boldsymbol{X}=[\boldsymbol{x}(t_1),\cdots,\boldsymbol{x}(t_L)]$；$\boldsymbol{N}=[\boldsymbol{n}(t_1),\cdots,\boldsymbol{n}(t_L)]$；$L$ 表示采样快拍数。

为了将 DOA 估计问题表示于压缩感知框架下，须引入超完备方位集 $\boldsymbol{\Theta}=[\theta_1,\cdots,\theta_N]$ 以覆盖所有可能的入射方位，真实方位 $[\theta_1,\cdots,\theta_K]$ 须包含于 $\boldsymbol{\Theta}$ 中，但离散误差的存在使得真实方位与预设格点可能并不完全吻合。此外，预设格点的数目 N 一般远大于信源数目 K。经如上建模后，式(3-2)所示的阵列输出模型可被重构为如下超完备形式：

$$\boldsymbol{Y}=\overline{\boldsymbol{A}}\overline{\boldsymbol{X}}+\boldsymbol{N} \tag{3-3}$$

式中：$\overline{\boldsymbol{A}}=\boldsymbol{A}(\boldsymbol{\Theta})=[\boldsymbol{a}(\theta_1),\cdots,\boldsymbol{a}(\theta_N)]$；$\overline{\boldsymbol{X}}=[\overline{\boldsymbol{x}}(t_1),\cdots,\overline{\boldsymbol{x}}(t_L)]$ 是矩阵 $\boldsymbol{X}$ 从 $\boldsymbol{\theta}$ 到 $\boldsymbol{\Theta}$ 的补零扩展形式，即只有在信源真实方位对应的那些行填入非零元素。

基于如上超完备阵列输出模型，可知 $\overline{\boldsymbol{X}}$ 在空域中是稀疏的，因此可利用压缩感知技术从阵列输出 $\boldsymbol{Y}$ 中恢复稀疏信号 $\overline{\boldsymbol{X}}$。考虑到 SBL 类算法在稀疏重构精度方面具有的优势，笔者采用 SBL 技术以从 $\boldsymbol{Y}$ 中精确重构出 $\overline{\boldsymbol{X}}$。

3.3 贝叶斯模型构建

式(3-3)所示的贝叶斯模型通常利用隐变量来描述观测数据与模型参数间的依赖关系(或联合概率分布)。此联合概率分布由表征未知信号 $\overline{\boldsymbol{X}}$ 的稀疏特征的先验分布以及观测数据 $\boldsymbol{Y}$ 的条件分布组成。在本节中，笔者首先针对稀疏重构问题式(3-3)设计分层贝叶斯模型，然后分析其稀疏诱导特性，并指出其与现有压缩感知模型的联系。

3.3.1 生成贝叶斯模型

与贝叶斯框架下的其他生成模型类似，所提模型可以分层结构构建，具体过程如下所述。

首先采用常用的高斯噪声模型，即各噪声快拍相互独立，均服从零均值、σ^2 方差的复高斯分布。基于此噪声模型，可知观测数据 $\boldsymbol{Y}$ 服从如下联合复高斯分布：

$$p(\boldsymbol{Y}\mid\overline{\boldsymbol{X}},\sigma^2)=\prod_{i=1}^{L}\mathcal{CN}(\boldsymbol{Y}_{\cdot i}\mid\overline{\boldsymbol{A}}\overline{\boldsymbol{X}}_{\cdot i},\delta^{-1}\boldsymbol{I}_M)=\prod_{i=1}^{L}\frac{\delta^M}{\pi^M}\exp(-\delta\parallel\boldsymbol{Y}_{\cdot i}-\overline{\boldsymbol{A}}\overline{\boldsymbol{X}}_{\cdot i}\parallel_2^2) \tag{3-4}$$

其中，超参数 $\delta=\sigma^{-2}$ 表示噪声精度，其共轭先验为如下伽马分布：

$$p(\delta|c,d)=\mathrm{Gamma}(\delta|c,d)=\frac{1}{\Gamma(c)}d^{c}\delta^{c-1}\exp(-d\delta) \tag{3-5}$$

其中，$\Gamma(c)=\int_{0}^{+\infty}t^{c-1}\mathrm{e}^{-t}\mathrm{d}t$ 表示伽马函数；$c>0$ 表示形状参数；$d>0$ 表示尺寸参数。

为了对信号系数$\overline{\boldsymbol{X}}$ 进行稀疏建模，以拉普拉斯分布作为$\overline{\boldsymbol{X}}$ 中各行的先验模型。将各个行先验联立起来，即可得到$\overline{\boldsymbol{X}}$ 的先验分布为

$$p(\overline{\boldsymbol{X}}\mid\boldsymbol{\eta})=\prod_{i=1}^{N}p(\overline{\boldsymbol{X}}_{i\cdot}\mid\eta_i)=\prod_{i=1}^{N}\frac{2\eta_i}{\pi}\exp(-2\sqrt{\eta_i}\parallel\overline{\boldsymbol{X}}_{i\cdot}\parallel_2),\eta_i\geqslant 0 \tag{3-6}$$

进一步，混合概率密度函数 $p(\sqrt{\boldsymbol{\eta}})$ 以一组伽马分布的乘积表示：

$$\begin{aligned}p(\sqrt{\boldsymbol{\eta}}\mid\boldsymbol{a},\boldsymbol{b})&=\prod_{i=1}^{N}\mathrm{Gamma}(\sqrt{\eta_i}\mid a_i,b_i)\\&=\prod_{i=1}^{N}\frac{1}{\Gamma(a_i)}b_i^{a_i}(\sqrt{\eta_i})^{a_i-1}\exp(-b_i\sqrt{\eta_i}),a_i>0,b_i>0\end{aligned} \tag{3-7}$$

基于以上分层先验模型，可知若将变量 $\boldsymbol{\eta}$ 当作冗余变量积分掉，则$\overline{\boldsymbol{X}}$ 关于(a,b)的边缘分布可表示为

$$\begin{aligned}p(\overline{\boldsymbol{X}}\mid\boldsymbol{a},\boldsymbol{b})&=\prod_{i=1}^{N}\int p(\overline{\boldsymbol{X}}_{i\cdot}\mid\eta_i)p(\sqrt{\eta_i}\mid a_i,b_i)\,\mathrm{d}\sqrt{\eta_i}\\&=\prod_{i=1}^{N}\frac{2(a_i+1)a_i}{\pi b_i^2}\left[1+\frac{2\parallel\overline{\boldsymbol{X}}_{i\cdot}\parallel_2}{b_i}\right]^{-(a_i+2)}\end{aligned} \tag{3-8}$$

由于利用此先验和自适应Lasso算法可对$\overline{\boldsymbol{X}}$ 进行MAP所以计(如下一小节所述)，所以式(3-8)所示先验模型被称为分层合成Lasso(Hierarchical Synthesis Lasso，HSL)先验。

3.3.2 与现有MAP算法的联系

在本小节中，笔者从基于稀疏诱导先验的MAP估计的角度出发，比较所提HSL模型与其他现有模型的异同。

在SBL框架中，有两类推断方法，即Type-Ⅰ估计和Type-Ⅱ估计[31]，被广

泛用于求解稀疏重构问题的最优解。

在 Type－I 估计中，由观测数据 $\boldsymbol{Y}$ 求得 $\overline{\boldsymbol{X}}$ 的 MAP 估计值的过程如下：

$$\begin{aligned}\overline{\boldsymbol{X}}_{\mathrm{I}}(\boldsymbol{Y}) &= \underset{\overline{\boldsymbol{X}}}{\arg\max}\, p(\overline{\boldsymbol{X}} \mid \boldsymbol{Y}) \\ &= \underset{\overline{\boldsymbol{X}}}{\arg\max} \log \int p(\boldsymbol{Y} \mid \overline{\boldsymbol{X}})\, p(\overline{\boldsymbol{X}} \mid \boldsymbol{\eta})\, p(\boldsymbol{\eta})\, \mathrm{d}\sqrt{\boldsymbol{\eta}} \end{aligned} \tag{3-9}$$

由此可得 Type－Ⅰ估计算法的代价函数为

$$\mathcal{L}_{\mathrm{I}}(\overline{\boldsymbol{X}}) = \| \boldsymbol{Y} - \overline{\boldsymbol{A}}\overline{\boldsymbol{X}} \|_{\mathrm{F}}^{2} + \beta q_{\mathrm{I}}(\overline{\boldsymbol{X}}) \tag{3-10}$$

式(3－10)的最优解通常被称为 Type－Ⅰ估计值，以符号 $\overline{\boldsymbol{X}}_{\mathrm{I}}$ 表示。在式(3－10)中，$\| \cdot \|_{\mathrm{F}}$ 表示 Frobenius 模值，β 表示折中参数。$p(\boldsymbol{\eta})$ 的设计准则如下：在惩罚项 $q_{\mathrm{I}}(\overline{\boldsymbol{X}}) \propto -\log p(\overline{\boldsymbol{X}})$［其中 $p(\overline{\boldsymbol{X}}) = \int p(\overline{\boldsymbol{X}} \mid \boldsymbol{\eta}) p(\boldsymbol{\eta}) \mathrm{d}\boldsymbol{\eta}$］的作用下，使得信号系数 $\overline{\boldsymbol{X}}$ 收敛至一个稀疏估计结果。

在 Type－Ⅱ估计[1,6]中，确定 $\boldsymbol{\eta}$ 的 MAP 估计值等价于最大化边缘似然函数，其构成方式如下：将未知信号的波形矩阵 $\overline{\boldsymbol{X}}$ 当作无关参数积分掉，即

$$\boldsymbol{\eta}_{\mathrm{II}}(\boldsymbol{Y}) = \underset{\boldsymbol{\eta}}{\arg\max}\, p(\boldsymbol{\eta} \mid \boldsymbol{Y}) = \underset{\boldsymbol{\eta}}{\arg\max} \log \int p(\boldsymbol{Y} \mid \overline{\boldsymbol{X}})\, p(\overline{\boldsymbol{X}} \mid \boldsymbol{\eta})\, p(\boldsymbol{\eta})\, \mathrm{d}\overline{\boldsymbol{X}} \tag{3-11}$$

根据文献[6]，可知 Type－Ⅱ估计结果 $\overline{\boldsymbol{X}}_{\mathrm{II}}(\boldsymbol{Y})$ 为如下代价函数的最小解：

$$\mathcal{L}_{\mathrm{II}}(\overline{\boldsymbol{X}}) = \| \boldsymbol{Y} - \overline{\boldsymbol{A}}\overline{\boldsymbol{X}} \|_{\mathrm{F}}^{2} + \beta q_{\mathrm{II}}(\overline{\boldsymbol{X}}) \tag{3-12}$$

惩罚项可表示为

$$q_{\mathrm{II}}(\overline{\boldsymbol{X}}) = \min_{\boldsymbol{\eta}} \{ \overline{\boldsymbol{X}}^{\mathrm{H}} \boldsymbol{\Gamma}^{-1} \overline{\boldsymbol{X}} + \log |\boldsymbol{D}| - \log p(\boldsymbol{\eta}) \} \tag{3-13}$$

式中：$\boldsymbol{\Gamma} = \mathrm{diag}(\boldsymbol{\eta})$；$\boldsymbol{D} = \beta \boldsymbol{I} + \overline{\boldsymbol{A}} \boldsymbol{\Gamma} \overline{\boldsymbol{A}}^{\mathrm{H}}$。

稀疏回归理论中已给出了 Type－Ⅰ和 Type－Ⅱ惩罚项的典型形式，现将其总结如下。

在 OGSBI 算法中，$p(\boldsymbol{\eta})$ 被设定为伽马分布，因此信号波形矩阵的边缘分布为

$$p(\overline{\boldsymbol{X}}) = \prod_{i=1}^{N} \frac{2}{\pi} \exp(-2 \| \overline{\boldsymbol{X}}_{i\cdot} \|_{2}) \tag{3-14}$$

式(3－14)表明，$\overline{\boldsymbol{X}}$ 中每行的 ℓ_2－范数被加以拉普拉斯先验。显然，Type－Ⅰ估计中的 ℓ_1－范数惩罚项可被归类进此先验模型中。

若将混合分布置为 Jeffrey 先验，即 $p(\eta_i)\propto\eta_i^{-1}$，则可得到无信息的边缘先验分布 $p(\overline{\boldsymbol{X}})\propto\prod_i\|\boldsymbol{X}_{i\cdot}\|_2^{-2}$，这也是 SURE-IR 算法所采用的概率模型。因此，SURE-IR 算法中隐含的对数求和形式的惩罚项为 $q_{\mathrm{I}}(\overline{\boldsymbol{X}})=2\sum_i\log\|\overline{\boldsymbol{X}}_{i\cdot}\|_2$。

若采用常数形式的先验，即 $p(\eta_i)\propto 1$，则可得到 iRVM 算法的先验模型，其对应的 Type-Ⅱ惩罚项为 $q_{\mathrm{II}}(\overline{\boldsymbol{X}})=\min\limits_{\boldsymbol{\eta}}\{\overline{\boldsymbol{X}}^{\mathrm{H}}\boldsymbol{\Gamma}^{-1}\overline{\boldsymbol{X}}+\log|\boldsymbol{D}|\}$。

现在评估笔者所提先验模型对 Type-Ⅰ估计器的影响。基于笔者所提先验模型的优化问题通常不存在闭式 MAP 解，因此必须采用迭代推断方法近似求解。每次迭代中须求解如下优化问题：

$$\overline{\boldsymbol{X}}^{(\mathrm{new})}=\arg\max_{\overline{\boldsymbol{X}}}\log p(\boldsymbol{Y}\mid\overline{\boldsymbol{X}},\sigma^2)+\int\log[p(\overline{\boldsymbol{X}}\mid\boldsymbol{\eta})]\,p(\sqrt{\boldsymbol{\eta}}\mid\overline{\boldsymbol{X}}^{(\mathrm{old})},\boldsymbol{a},\boldsymbol{b})\,\mathrm{d}\sqrt{\boldsymbol{\eta}}\tag{3-15}$$

由于伽马分布是拉普拉斯分布的共轭分布，所以 $\sqrt{\eta_j}\mid\overline{\boldsymbol{X}}_{j\cdot}^{(\mathrm{old})},a_j,b_j\sim\mathrm{Gamma}(\sqrt{\eta_j}\mid 2+a_j,2\|\overline{\boldsymbol{X}}_{j\cdot}^{(\mathrm{old})}\|_2+b_j)$，将其代入式(3-15)中，可得

$$\begin{aligned}\overline{\boldsymbol{X}}^{(\mathrm{new})}=&\arg\max_{\overline{\boldsymbol{X}}}\log p(\boldsymbol{Y}\mid\overline{\boldsymbol{X}},\sigma^2)-\sum_{j=1}^{N}\int 2\sqrt{\eta_j}\,\|\overline{\boldsymbol{X}}_{j\cdot}\|_2\times\\&p(\sqrt{\eta_j}\mid\overline{\boldsymbol{X}}_{j\cdot}^{(\mathrm{old})},a_j,b_j)\,\mathrm{d}\sqrt{\eta_j}\end{aligned}\tag{3-16}$$

其中，$\sqrt{\eta_j}$ 的数学期望为 $\dfrac{2+a_j}{2\|\overline{\boldsymbol{X}}_{j\cdot}^{(\mathrm{old})}\|_2+b_j}$。

根据以上描述，可知寻找后验分布 $p(\overline{\boldsymbol{X}}|\boldsymbol{Y})$ 的全局极小点的方法为，以 $\overline{\boldsymbol{X}}^{(0)}$ 为起始搜索点，迭代求解如下优化问题：

$$\overline{\boldsymbol{X}}^{(\mathrm{new})}=\arg\max_{\overline{\boldsymbol{X}}}\log p(\boldsymbol{Y}\mid\overline{\boldsymbol{X}},\sigma^2)-\sum_{j=1}^{N}W_j^{(\mathrm{old})}\|\overline{\boldsymbol{X}}_{j\cdot}\|_2\tag{3-17}$$

式中：$W_j^{(\mathrm{old})}=\dfrac{2+a_j}{\|\overline{\boldsymbol{X}}_{j\cdot}^{(\mathrm{old})}\|_2+b_j/2}$。根据式(3-17)，易知后验分布符合加权 Lasso 形式，即 $q_{\mathrm{I}}(\overline{\boldsymbol{X}})=\sum_j W_j\|\overline{\boldsymbol{X}}_{j\cdot}\|_2$，此式也符合唯行的 ℓ_1-范数 Type-Ⅰ惩罚项的形式，这也是笔者将所提先验模型称为 HSL 先验的原因。

下面深入分析各种信号先验模型的稀疏诱导特性。为便于直观比较，笔者以两变量为例，将联合先验分布所对应的 Type Ⅰ和 Type Ⅱ代价函数的等高线绘制于图 3.1 中。图中的等高线直观地展示了 OGSBI 算法、SURE-IR 算法、

iRVM 算法以及 HSL 算法求得稀疏解的过程。图 3.1(a)给出了在不同的参数 b 取值下，HSL 先验模型所对应的 Type Ⅰ 惩罚项的等高线。当 b 越趋于 0，越多概率"质量"集中于 X 轴，这会导致由此先验计算出的后验分布 $p(\boldsymbol{X}|\boldsymbol{Y})$ 的等高线越贴近坐标轴，而这种现象会有利于稀疏解的求得。其他算法的稀疏约束项所对应的等高线如图 3.1(b)所示。由图示结果可知，除 SURE-IR 先验模型外，HSL 先验模型的原点聚焦趋势比其他模型更明显，然而，SURE-IR 算法的全局收敛性无法保证。因此，综合考虑以上因素后，笔者所提的 HSL 先验模型是最优的稀疏诱导先验分布形式。

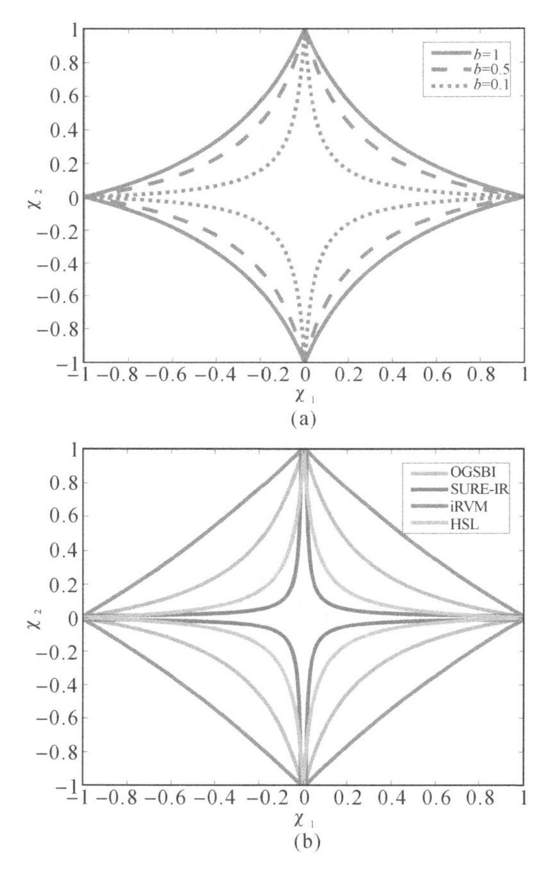

图 3.1　负对数形式先验分布的二维等高线图

(a) HSL 先验($a=2$，b 变化)；(b) OGSBI，SURE-IR，iRVM 及 HSL 先验($a=2$，$b=0.1$)

3.4 参数估计

在本节中，笔者采用局域变分技术，通过迭代最大化观测数据似然函数的下界，以实现在所提分层概率模型中进行参数推断的目标。此外，笔者还通过对重构结果进行后处理以消除空域离散建模中引入的量化误差，细化DOA估计结果。笔者也对所提算法的运算复杂度进行了简要分析。

3.4.1 局域变分推断

由于拉普拉斯先验与高斯似然函数不构成共轭分布对，所以进一步的贝叶斯推断工作无法进行。为消除非共轭先验带来的不利影响，可采用如下所述的局域变分推断技术。该方法的核心思想是求得概率模型中各条件概率因子的下界。

显然，先验分布 $p(\overline{\boldsymbol{X}}|\boldsymbol{\eta})$ 的下界具有高斯分布的数学形式。为明确这一点，可取信号先验的自然对数值，得到

$$\ln p(\overline{\boldsymbol{X}}_{i\cdot}|\eta_i)=-2\sqrt{\eta_i}\|\overline{\boldsymbol{X}}_{i\cdot}\|_2+\ln 2\eta_i-\ln\pi,i\in\{1,\cdots,N\} \tag{3-18}$$

式(3-18)所示的函数是变量 $\|\overline{\boldsymbol{X}}_{i\cdot}\|_2^2$ 的凸函数，此结论可通过判断该函数的二阶导数的正、负得到。利用此结论可得到 $\ln p(\overline{\boldsymbol{X}}_{i\cdot}|\eta_i)$ 的下界，其为 $\|\overline{\boldsymbol{X}}_{i\cdot}\|_2^2$ 的线性函数，且 $\|\overline{\boldsymbol{X}}_{i\cdot}\|_2^2$ 的共轭函数为

$$g(\lambda)=\max_{\|\overline{\boldsymbol{X}}_{i\cdot}\|_2^2}\{\lambda\|\overline{\boldsymbol{X}}_{i\cdot}\|_2^2-\ln p(\overline{\boldsymbol{X}}_{i\cdot}|\eta_i)\} \tag{3-19}$$

根据稳态条件，得到

$$0=\lambda-\frac{\mathrm{d}(\|\overline{\boldsymbol{X}}_{i\cdot}\|_2)}{\mathrm{d}(\|\overline{\boldsymbol{X}}_{i\cdot}\|_2^2)}\frac{\mathrm{d}[\ln p(\overline{\boldsymbol{X}}_{i\cdot}|\eta_i)]}{\mathrm{d}(\|\overline{\boldsymbol{X}}_{i\cdot}\|_2)}=\lambda+\frac{\sqrt{\eta_i}}{\|\overline{\boldsymbol{X}}_{i\cdot}\|_2} \tag{3-20}$$

若固定 λ，将式(3-20)所示的函数中 $\overline{\boldsymbol{X}}_{i\cdot}$ 在切点处的值定义为 ε_i，则得到如下关系式：

$$\lambda(\varepsilon_i)=-\sqrt{\eta_i}/\|\varepsilon_i\|_2 \tag{3-21}$$

将式(3-21)中的 ε_i 当作变分参数代入共轭函数的表达式中，得到

$$g(\lambda)=\lambda(\varepsilon_i)\|\varepsilon_i\|_2^2-\ln 2\eta_i+\ln\pi+2\sqrt{\eta_i}\|\varepsilon_i\|_2 \tag{3-22}$$

因此，$\ln p(\overline{\boldsymbol{X}}_{i\cdot}|\eta_i)$ 的下界可表示为

$$\ln p(\overline{\boldsymbol{X}}_{i\cdot}|\eta_i)\geqslant\lambda(\varepsilon_i)\|\overline{\boldsymbol{X}}_{i\cdot}\|_2^2-\lambda(\varepsilon_i)\|\varepsilon_i\|_2^2+\ln 2\eta_i-\ln\pi-2\sqrt{\eta_i}\|\varepsilon_i\|_2 \tag{3-23}$$

该下界如图 3.2 所示。由于此下界为 $\|\overline{\boldsymbol{X}}_{i\cdot}\|_2$ 的二次方的指数函数，所以可被用来确定拉普拉斯先验分布对应的后验分布的高斯近似形式。

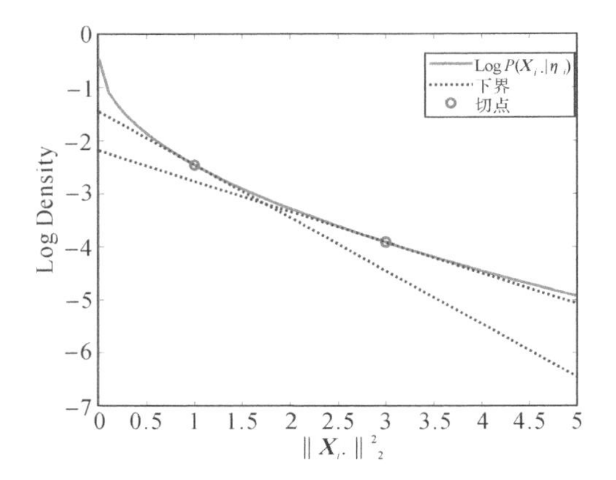

图 3.2 在 $\|\overline{\boldsymbol{X}}_{i\cdot}\|_2^2$ 变量空间的局域变分近似(实线表示 $\ln p(\overline{\boldsymbol{X}}_{i\cdot}|\eta_i)$ 的图形，虚线表示共轭函数的变分下界，与圈处 $\|\varepsilon_i\|_2^2$ 的取值点相切)

对数边缘似然函数的下界可表示为

$$\ln p(\boldsymbol{Y}) = \ln\int p(\boldsymbol{Y}|\overline{\boldsymbol{X}})p(\overline{\boldsymbol{X}})\mathrm{d}\overline{\boldsymbol{X}} \geqslant \ln\int p(\boldsymbol{Y}|\overline{\boldsymbol{X}})h(\overline{\boldsymbol{X}},\boldsymbol{\varepsilon})\mathrm{d}\overline{\boldsymbol{X}} \triangleq \mathcal{L}(\boldsymbol{\varepsilon}) \tag{3-24}$$

式中：$\lambda(\varepsilon_i)$已由式(3-21)定义，$h(\overline{\boldsymbol{X}},\boldsymbol{\varepsilon})$由下式计算：

$$h(\overline{\boldsymbol{X}},\boldsymbol{\varepsilon}) = \prod_{i=1}^{N}\exp[\lambda(\varepsilon_i)\|\overline{\boldsymbol{X}}_{i\cdot}\|_2^2 - \lambda(\varepsilon_i)\|\varepsilon_i\|_2^2 + \ln 2\eta_i - \ln\pi - 2\sqrt{\eta_i}\|\varepsilon_i\|_2] \tag{3-25}$$

计算精确的边缘分布的前提是确定式(3-24)不等号左边的归一化系数，由于此计算过程复杂度高，难以进行，所以转而计算不等号右边的下界值。将条件分布 $p(\boldsymbol{Y}|\overline{\boldsymbol{X}})$代入，可将待求下界表示为 $\boldsymbol{\varepsilon}$ 的函数：

$$\sum_{i=1}^{N}(-\lambda\|\varepsilon_i\|_2^2) + \sum_{i=1}^{N}[-2\sqrt{\eta_i}\|\varepsilon_i\|_2] - \ln|\delta\overline{\boldsymbol{A}}^{\mathrm{H}}\overline{\boldsymbol{A}} - \mathrm{diag}(\lambda)| + \sum_{j=1}^{L}\{\delta\boldsymbol{Y}_{\cdot j}^{\mathrm{H}}\overline{\boldsymbol{A}}[\delta\overline{\boldsymbol{A}}^{\mathrm{H}}\overline{\boldsymbol{A}} - \mathrm{diag}(\lambda)]^{-1}\delta\overline{\boldsymbol{A}}^{\mathrm{H}}\boldsymbol{Y}_{\cdot j}\} + \mathrm{const} \tag{3-26}$$

式中：const 表示与参数 $\boldsymbol{\varepsilon}$ 无关的项，与 $\boldsymbol{Y}$ 有关的项出现在高斯分布的二次方项中，最终即可得到边缘分布的高斯近似形式。此外，由变分参数$\{\varepsilon_i\}$引入的额外自由度可进一步提高近似精度。

现须优化变分参数 ε_i，此目标可通过最大化下界$\mathcal{L}(\boldsymbol{\varepsilon})$实现。将$\mathcal{L}(\boldsymbol{\varepsilon})$关于 ε_i

求导，并令结果为0，可得

$$-\sqrt{\eta_i}\frac{\mathrm{d}\|\varepsilon_i\|_2}{\mathrm{d}\varepsilon_i}+\{[\delta\overline{\boldsymbol{A}}^{\mathrm{H}}\overline{\boldsymbol{A}}-\mathrm{diag}(\lambda)]^{-1}\}_{ii}\lambda'(\varepsilon_i)+$$
$$\sum_{j=1}^{L}\{[\delta\overline{\boldsymbol{A}}^{\mathrm{H}}\overline{\boldsymbol{A}}-\mathrm{diag}(\lambda)]^{-1}\delta\overline{\boldsymbol{A}}^{\mathrm{H}}\boldsymbol{Y}_{\cdot j}\delta\boldsymbol{Y}_{\cdot j}^{\mathrm{H}}\overline{\boldsymbol{A}}[\delta\overline{\boldsymbol{A}}^{\mathrm{H}}\overline{\boldsymbol{A}}-\mathrm{diag}(\lambda)]^{-1}\}_{ii}\lambda'(\varepsilon_i)=0$$
(3-27)

代入$\lambda(\varepsilon_i)$的表达式，并整理式(3-27)，则可得到如下估计公式：

$$\|\varepsilon_i\|_2^2=\{[\delta\overline{\boldsymbol{A}}^{\mathrm{H}}\overline{\boldsymbol{A}}-\mathrm{diag}(\lambda)]^{-1}\}_{ii}+$$
$$\sum_{j=1}^{L}\{[\delta\overline{\boldsymbol{A}}^{\mathrm{H}}\overline{\boldsymbol{A}}-\mathrm{diag}(\lambda)]^{-1}\delta\overline{\boldsymbol{A}}^{\mathrm{H}}\boldsymbol{Y}_{\cdot j}\delta\boldsymbol{Y}_{\cdot j}^{\mathrm{H}}\overline{\boldsymbol{A}}[\delta\overline{\boldsymbol{A}}^{\mathrm{H}}\overline{\boldsymbol{A}}-\mathrm{diag}(\lambda)]^{-1}\}_{ii}$$
(3-28)

在上述模型中，笔者是将隐变量$\boldsymbol{z}=\{\overline{\boldsymbol{X}},\boldsymbol{\eta},\delta\}$当作已知常数处理的，现分析如何从接收数据中推导出这些变量的值。估计思路如下：在概率模型中同时应用全局与局域变分近似方法，以得到每一步迭代中边缘似然函数的下界。

首先，引入变分分布$q(\overline{\boldsymbol{X}},\boldsymbol{\eta},\delta)$，从而将对数边缘概率分布分解为

$$\ln p(\boldsymbol{Y})=\mathcal{L}(q)+\mathcal{KL}(q|p) \tag{3-29}$$

式中：下界$\mathcal{L}(q)$和KL散度$\mathcal{KL}(q\|p)$分别由以下两式定义：

$$\mathcal{L}(q)=\iint q(\overline{\boldsymbol{X}},\boldsymbol{\eta},\delta)\ln\left[\frac{p(\boldsymbol{Y},\overline{\boldsymbol{X}},\boldsymbol{\eta},\delta)}{q(\overline{\boldsymbol{X}},\boldsymbol{\eta},\delta)}\right]\mathrm{d}\overline{\boldsymbol{X}}\mathrm{d}\boldsymbol{\eta}\mathrm{d}\delta \tag{3-30}$$

$$\mathcal{KL}(q\|p)=-\iint q(\overline{\boldsymbol{X}},\boldsymbol{\eta},\delta)\ln\left[\frac{p(\overline{\boldsymbol{X}},\boldsymbol{\eta},\delta\mid\boldsymbol{Y})}{q(\overline{\boldsymbol{X}},\boldsymbol{\eta},\delta)}\right]\mathrm{d}\overline{\boldsymbol{X}}\mathrm{d}\boldsymbol{\eta}\mathrm{d}\delta \tag{3-31}$$

此时，由于拉普拉斯先验$p(\overline{\boldsymbol{X}}|\boldsymbol{\eta})$的存在，下界$\mathcal{L}(q)$仍难以计算，所以须应用前述方法得到$p(\overline{\boldsymbol{X}},\boldsymbol{\eta})$的局域变分下界。具体地，笔者利用不等式(3-23)计算$\mathcal{L}(q)$及对数边缘似然函数的下界：

$$\ln p(\boldsymbol{Y})\geqslant\mathcal{L}(q)\geqslant\mathcal{L}(q,\boldsymbol{\varepsilon})$$
$$=\iint q(\overline{\boldsymbol{X}},\boldsymbol{\eta},\delta)\ln\left[\frac{p(\boldsymbol{Y}\mid\overline{\boldsymbol{X}},\delta)h(\overline{\boldsymbol{X}},\boldsymbol{\varepsilon})p(\delta)p(\boldsymbol{\eta})}{q(\overline{\boldsymbol{X}},\boldsymbol{\eta},\delta)}\right]\mathrm{d}\overline{\boldsymbol{X}}\mathrm{d}\boldsymbol{\eta}\mathrm{d}\delta$$
(3-32)

接着将后验分布分解为如下形式：

$$q(\overline{\boldsymbol{X}},\boldsymbol{\eta},\delta)=q(\overline{\boldsymbol{X}})q(\boldsymbol{\eta})q(\delta) \tag{3-33}$$

利用式(3-33)，可按下式计算后验分布q^*：

$$\ln q_j^*(z_j)=E_{i\neq j}[\ln p(\boldsymbol{Y},\boldsymbol{Z})]+\mathrm{const} \tag{3-34}$$

式中：符号$E_{i\neq j}[\cdot]$表示求q分布关于变量$z_i(i\neq j)$的数学期望。为确定分布$q(\overline{\boldsymbol{X}})$，仅保留与$\overline{\boldsymbol{X}}$有关的项，得到下式：

$$\begin{aligned}\ln q^*(\overline{\boldsymbol{X}}) &= E_{\delta,\boldsymbol{\eta}}[\ln p(\boldsymbol{Y}\mid\overline{\boldsymbol{X}},\delta)h(\overline{\boldsymbol{X}},\boldsymbol{\varepsilon})]+\text{const}\\ &= -E[\delta]\sum_{i=1}^{L}\|\boldsymbol{Y}_{\cdot i}-\overline{\boldsymbol{A}}\overline{\boldsymbol{X}}_{\cdot i}\|_2^2+\\ &\quad \sum_{i=1}^{L}\overline{\boldsymbol{X}}_{\cdot i}^{\mathrm{H}}\operatorname{diag}\{E[\lambda(\varepsilon_i)]\}\overline{\boldsymbol{X}}_{\cdot i}+\text{const}\end{aligned} \tag{3-35}$$

由于式(3-35)所示的结果为$\overline{\boldsymbol{X}}$的二次函数，所以$q^*(\overline{\boldsymbol{X}})$服从如下复高斯分布：

$$q^*(\overline{\boldsymbol{X}})=\prod_{i=1}^{L}\mathcal{CN}(\overline{\boldsymbol{X}}_{\cdot i}\mid\boldsymbol{\mu}_{\boldsymbol{X}}^{i},\boldsymbol{\Sigma}_{\boldsymbol{X}}^{i}) \tag{3-36}$$

其中，均值$\boldsymbol{\mu}_{\boldsymbol{X}}^{i}$与协方差矩阵$\boldsymbol{\Sigma}_{\boldsymbol{X}}^{i}$分别由以下两式计算：

$$\boldsymbol{\mu}_{\boldsymbol{X}}^{i}=\boldsymbol{\Sigma}_{\boldsymbol{X}}^{i}E[\delta]\overline{\boldsymbol{A}}^{\mathrm{H}}\boldsymbol{Y}_{\cdot i} \tag{3-37}$$

$$\boldsymbol{\Sigma}_{\boldsymbol{X}}^{i}=\{E[\delta]\overline{\boldsymbol{A}}^{\mathrm{H}}\overline{\boldsymbol{A}}-\operatorname{diag}[E(\lambda)]\}^{-1} \tag{3-38}$$

采用类似思路，通过提取$\ln q(\boldsymbol{\eta})$表达式中与$\boldsymbol{\eta}$有关的项，可确定最优后验分布$q^*(\boldsymbol{\eta})$：

$$\begin{aligned}\ln q^*(\boldsymbol{\eta}) &= E_{\overline{\boldsymbol{X}}}[\ln h(\overline{\boldsymbol{X}},\boldsymbol{\varepsilon})p(\boldsymbol{\eta})]+\text{const}\\ &= \sum_{i=1}^{N}\left\{-\left(2\|\varepsilon_i\|_2+b_i+\frac{E\{\|\overline{\boldsymbol{X}}_{i\cdot}\|_2^2\}}{\|\varepsilon_i\|_2}-\right.\right.\\ &\quad \left.\left.\|\varepsilon_i\|_2\right)\sqrt{\eta_i}+(a_i+1)\ln\sqrt{\eta_i}\right\}+\text{const}\end{aligned} \tag{3-39}$$

式(3-39)为N个独立伽马分布的乘积的指数形式，表征各伽马分布的参数$\tilde{a}_i$和$\tilde{b}_i$分别由以下两式确定：

$$\tilde{a}_i=a_i+1 \tag{3-40}$$

$$\tilde{b}_i=b_i+\|\varepsilon_i\|_2+\frac{E(\|\overline{\boldsymbol{X}}_{i\cdot}\|_2^2)}{\|\varepsilon_i\|_2} \tag{3-41}$$

因此，$q^*(\boldsymbol{\eta})$的形式为

$$q^*(\boldsymbol{\eta})=\prod_{i=1}^{N}\text{Gamma}(\sqrt{\eta_i}\mid\tilde{a}_i,\tilde{b}_i) \tag{3-42}$$

最后须优化噪声精度，这可通过再次利用式(3-34)实现。忽略与参数δ无关的项，可得

$$\begin{aligned}\ln q^*(\delta) &= E_{\overline{\boldsymbol{X}}}[\ln p(\boldsymbol{Y}\mid\overline{\boldsymbol{X}},\delta)p(\delta\mid c,d)]+\text{const}\\ &= (ML+c-1)\ln\delta-\left[d+E\left(\sum_{i=1}^{L}\|\boldsymbol{Y}_{\cdot i}-\overline{\boldsymbol{A}}\overline{\boldsymbol{X}}_{\cdot i}\|_2^2\right)\right]\delta+\text{const}\end{aligned} \tag{3-43}$$

式(3-43)符合对数伽马分布的形式，由 δ 和 $\ln\delta$ 的系数可确定出该分布的具体形式为

$$q^{*}(\delta)=\text{Gamma}(\delta|\tilde{c},\tilde{d}) \tag{3-44}$$

其中

$$\tilde{c}=ML+c \tag{3-45}$$

$$\tilde{d}=d+\sum_{i=1}^{L}\|\boldsymbol{Y}_{\cdot i}-\overline{\boldsymbol{A}}\boldsymbol{\mu}_{\overline{\boldsymbol{X}}}^{i}\|_2^2+L\,\text{Tr}(\overline{\boldsymbol{A}}^{\text{H}}\overline{\boldsymbol{A}}\boldsymbol{\Sigma}_{\overline{\boldsymbol{X}}}^{i}) \tag{3-46}$$

总结来说，计算后验分布时，先初始化各参数值，然后迭代更新这些参数值，直至算法收敛准则得以满足。

3.4.2　基于稀疏重构结果的 DOA 精估

如前所述，3.4.1 小节估计出的信源 DOA 落在空域离散格点上。然而，离格信源的存在使得格点失配问题凸显，进而使得重构性能恶化。若人为设置“稠密”的空间网格，则离格误差有望降低，但该操作会极大增加算法复杂度，实际应用中并不可取。为规避上述缺陷，笔者基于原始重构结果提出一种后处理算法，以细化 DOA 估计结果，减小离格误差。

本小节所述算法的设计初衷在于最大化联合分布 $p(\boldsymbol{Y},\boldsymbol{\eta},\delta)$，具体实现过程如下。

直接最大化 $p(\boldsymbol{Y},\boldsymbol{\eta},\delta)$ 一般难以实现，笔者转而最大化此分布的下界，即下式所示函数：

$$\begin{aligned}\mathcal{L}(\boldsymbol{\varepsilon},\boldsymbol{\eta},\delta)&\triangleq\ln\int p(\boldsymbol{Y}\mid\overline{\boldsymbol{X}})h(\overline{\boldsymbol{X}},\boldsymbol{\varepsilon})p(\sqrt{\boldsymbol{\eta}}\mid a,b)p(\delta\mid c,d)\,\text{d}\overline{\boldsymbol{X}}\\&=\sum_{i=1}^{N}\left[-\lambda(\varepsilon_i)\|\varepsilon_i\|_2^2+\ln2\eta_i-2\sqrt{\eta_i}\|\varepsilon_i\|_2\right]+\ln(\lambda_1\cdots\lambda_N)-\ln|\boldsymbol{C}|\\&\quad-\sum_{j=1}^{L}(\boldsymbol{Y}_{\cdot j}^{\text{H}}\boldsymbol{C}^{-1}\boldsymbol{Y}_{\cdot j})+\sum_{i=1}^{N}\left[(a_i-1)\ln\sqrt{\eta_i}-b_i\sqrt{\eta_i}\right]+\text{const}\end{aligned} \tag{3-47}$$

式中：$\boldsymbol{C}=\delta^{-1}\boldsymbol{I}-\overline{\boldsymbol{A}}\,\text{diag}^{-1}(\lambda)\overline{\boldsymbol{A}}^{\text{H}}$，与 $\boldsymbol{\eta}$ 无关的项被吸收进常数项中。

注意到式(3-47)中的矩阵 $\boldsymbol{C}$ 可被拆分为如下形式：

$$\begin{aligned}\boldsymbol{C}&=\delta^{-1}\boldsymbol{I}+\sum_{j\neq i}\overline{\boldsymbol{A}}_{\cdot j}\frac{\|\varepsilon_j\|_2}{\sqrt{\eta_j}}\overline{\boldsymbol{A}}_{\cdot j}^{\text{H}}+\overline{\boldsymbol{A}}_{\cdot i}\frac{\|\varepsilon_i\|_2}{\sqrt{\eta_i}}\overline{\boldsymbol{A}}_{\cdot i}^{\text{H}}\\&=\boldsymbol{C}_{-i}+\gamma_i\overline{\boldsymbol{A}}_{\cdot i}\overline{\boldsymbol{A}}_{\cdot i}^{\text{H}}\end{aligned} \tag{3-48}$$

式中：$\boldsymbol{C}_{-i}$ 为从 $\boldsymbol{C}$ 中移除与第 i 个导向矢量有关的成分后所得到的矩阵；$\gamma_i=\|\varepsilon_i\|_2/\sqrt{\eta_i}$。应用行列式性质及矩阵求逆引理，可得

$$|\boldsymbol{C}|=|\boldsymbol{C}_{-i}|\,|1+\gamma_i\overline{\boldsymbol{A}}_{\cdot i}^{\mathrm{H}}\boldsymbol{C}_{-i}^{-1}\overline{\boldsymbol{A}}_{\cdot i}| \tag{3-49}$$

$$\boldsymbol{C}^{-1}=\boldsymbol{C}_{-i}^{-1}-\frac{\boldsymbol{C}_{-i}^{-1}\overline{\boldsymbol{A}}_{\cdot i}\overline{\boldsymbol{A}}_{\cdot i}^{\mathrm{H}}\boldsymbol{C}_{-i}^{-1}}{1/\gamma_i+\overline{\boldsymbol{A}}_{\cdot i}^{\mathrm{H}}\boldsymbol{C}_{-i}^{-1}\overline{\boldsymbol{A}}_{\cdot i}} \tag{3-50}$$

将式(3-49)和式(3-50)代入式(3-47)，且将 $\mathcal{L}(\boldsymbol{\varepsilon},\boldsymbol{\eta},\delta)$ 看作是仅与 $\boldsymbol{\gamma}$ 有关的函数，可得下式：

$$\begin{aligned}\mathcal{L}(\boldsymbol{\varepsilon},\boldsymbol{\eta},\delta)=&\mathcal{L}(\boldsymbol{\gamma}_{-i})-(2+a_i)\ln\gamma_i-\frac{\|\varepsilon_i\|_2^2}{\gamma_i}-\frac{b_i\|\varepsilon_i\|_2}{\gamma_i}-\\&\ln(1+\gamma_i s_i)+\sum_{j=1}^{L}\frac{q_{ij}^2\gamma_i}{1+\gamma_i s_i}=\mathcal{L}(\boldsymbol{\gamma}_{-i})+\ell(\gamma_i)\end{aligned} \tag{3-51}$$

式中：$\boldsymbol{\gamma}_{-i}$ 为剔除 $\boldsymbol{\gamma}$ 中第 i 个元素后所得到的向量，其他变量的定义如下：

$$s_i=\overline{\boldsymbol{A}}_{\cdot i}^{\mathrm{H}}\boldsymbol{C}_{-i}^{-1}\overline{\boldsymbol{A}}_{\cdot i} \tag{3-52}$$

$$q_{ij}=\boldsymbol{Y}_{\cdot j}^{\mathrm{H}}\boldsymbol{C}_{-i}^{-1}\overline{\boldsymbol{A}}_{\cdot i} \tag{3-53}$$

在式(3-51)中，与超参数 γ_i 有关的项已被提取出来，因此使得 $\mathcal{L}(\boldsymbol{\varepsilon},\boldsymbol{\eta},\delta)$ 最大的 γ_i 的值可通过将 $\mathcal{L}(\boldsymbol{\varepsilon},\boldsymbol{\eta},\delta)$ 关于 γ_i 求导，并令结果为 0 得到：

$$\frac{\partial\mathcal{L}(\boldsymbol{\varepsilon},\boldsymbol{\eta},\delta)}{\partial\gamma_i}=-\frac{2+a_i}{\gamma_i}+\frac{b_i\|\varepsilon_i\|_2+\|\varepsilon_i\|_2^2}{\gamma_i^2}-\frac{s_i}{1+\gamma_i s_i}+\sum_{j=1}^{L}\frac{q_{ij}^2}{(1+\gamma_i s_i)^2}=0 \tag{3-54}$$

除平凡解 $\gamma_i=+\infty$ 外，式(3-54)的其余解均是不可行解，且这些解对应的是 $2L-1$ 阶的多项式的零点，因此也不具备解析形式。为了绕过烦琐的多项式求根过程，笔者假设 $\gamma_i s_i\gg 1$，所得的零点可表示为

$$\gamma_i=\frac{s_i^2(b_i\|\varepsilon_i\|_2+\|\varepsilon_i\|_2^2)+\sum_{j=1}^{L}q_{ij}^2}{(a_i+3)s_i^2},$$

$$\text{若 }20(a_i+3)s_i<s_i^2(b_i\|\varepsilon_i\|_2+\|\varepsilon_i\|_2^2)+\sum_{j=1}^{L}q_{ij}^2 \tag{3-55}$$

$$\gamma_i=0,\text{否则} \tag{3-56}$$

接下来令 $\partial L(\boldsymbol{\varepsilon},\boldsymbol{\eta},\delta)/\partial\theta_i=0$，可得

$$-\overline{\boldsymbol{A}}_{\cdot i}^{\mathrm{H}}\boldsymbol{C}_{-i}^{-1}\boldsymbol{a}'(\theta_i)+\sum_{j=1}^{L}q_{ij}\boldsymbol{Y}_{\cdot j}^{\mathrm{H}}\boldsymbol{C}_{-i}^{-1}\boldsymbol{a}'(\theta_i)-\sum_{j=1}^{L}q_{ij}^2\frac{\gamma_i}{1+\gamma_i s_i}\overline{\boldsymbol{A}}_{\cdot i}^{\mathrm{H}}\boldsymbol{C}_{-i}^{-1}\boldsymbol{a}'(\theta_i)=0 \tag{3-57}$$

其中，$\boldsymbol{a}'(\theta_i)=\partial\boldsymbol{a}(\theta_i)/\partial\theta_i$。然后将式(3-55)代入式(3-57)中，得到

$$\left\{\sum_{j=1}^{L}\left[q_{ij}\boldsymbol{Y}_{\cdot j}^{\mathrm{H}}-\frac{q_{ij}^{2}}{s_{i}}\overline{\boldsymbol{A}}_{\cdot i}^{\mathrm{H}}\right]-\overline{\boldsymbol{A}}_{\cdot i}^{\mathrm{H}}\right\}\boldsymbol{C}_{-i}^{-1}\boldsymbol{a}'(\theta_{i})=0 \tag{3-58}$$

推导过程中利用了假设条件 $\gamma_i/(1+\gamma_i s_i)\approx 1/s_i$。因此，信号方位可由下式估计：

$$\hat{\theta}_{i}=\underset{\boldsymbol{\theta}\in\boldsymbol{\Omega}_{i}}{\operatorname{argmax}}\left|\operatorname{Re}\left\{\left[\sum_{j=1}^{L}\left[q_{ij}\boldsymbol{Y}_{\cdot j}^{\mathrm{H}}-\frac{q_{ij}^{2}}{s_{i}}\overline{\boldsymbol{A}}_{\cdot i}^{\mathrm{H}}\right]-\overline{\boldsymbol{A}}_{\cdot i}^{\mathrm{H}}\right]\boldsymbol{C}_{-i}^{-1}\boldsymbol{a}'(\theta_{i})\right\}\right|^{-1} \tag{3-59}$$

其中，$\boldsymbol{\Omega}_i$ 表示第 i 个信号谱峰所包含的空域角度。实际上，若预设的算法收敛准则得以满足，则我们可通过在重构结果的 K 个谱峰内进行一维搜索得到细化的 DOA 估计结果，其对应的是式(3-59)的峰值点的位置。

3.4.3 算法总结

笔者所提算法的参数迭代更新过程可总结如下：

输入：观测快拍 $\boldsymbol{Y}$。

(1)选择隐变量 $\boldsymbol{\varepsilon}$，$\overline{\boldsymbol{X}}$，$\boldsymbol{\eta}$，$\lambda$ 和 δ 的初值，令 $c=d=10^{-6}$ 以得到无信息的超先验；

(2)根据式(3-21)和式(3-28)分别计算变分参数 $\{\lambda_i\}$ 和切点 $\{\varepsilon_i\}$；

(3)根据式(3-37)和式(3-38)分别计算 $\boldsymbol{\mu}_{\overline{X}}$ 和 $\boldsymbol{\Sigma}_{\overline{X}}$，在此基础上更新 $\overline{\boldsymbol{X}}$ 的后验分布，为降低式(3-38)中矩阵求逆操作的运算复杂度，可利用矩阵求逆引理得到如下迭代公式：

$$\begin{aligned}\boldsymbol{\Sigma}_{\overline{X}}^{i}=&\{-\operatorname{diag}[E(\lambda)]\}^{-1}-\\&\{-\operatorname{diag}[E(\lambda)]\}^{-1}\overline{\boldsymbol{A}}^{\mathrm{H}}\{E[\delta]^{-1}+\overline{\boldsymbol{A}}\{-\operatorname{diag}[E(\lambda)]\}^{-1}\overline{\boldsymbol{A}}^{\mathrm{H}}\}^{-1}\times\\&\overline{\boldsymbol{A}}\{-\operatorname{diag}[E(\lambda)]\}^{-1}\end{aligned} \tag{3-60}$$

其运算复杂度从 $O(N^3)$ 降至 $O(M^3)$；

(4)根据式(3-40)～式(3-42)，以及 $\overline{\boldsymbol{X}}$ 的当前后验分布，更新 $\boldsymbol{\eta}$ 的后验分布；

(5)根据式(3-44)～式(3-46)，更新 δ 的后验分布；

(6)在步骤(2)～步骤(5)中循环，直至收敛；

(7)根据式(3-59)细化 DOA 估计结果。

输出：参数估计结果 $\{\hat{\boldsymbol{\varepsilon}},\hat{\overline{\boldsymbol{X}}},\hat{\boldsymbol{\eta}},\hat{\lambda},\hat{\delta}\}$。

下面基于10阵元 ULA 的接收信号模型检验所提算法的测向性能。假设以1°为间隔划分空域离散网格，3个0 dB 窄带信源的入射方位分别为 $-10°$，

2.7°和 12.3°,采样快拍数为 50。方位估计结果如图 3.3 所示,仿真结果表明,笔者所提超分辨测向算法能够准确分辨出 3 个信源。

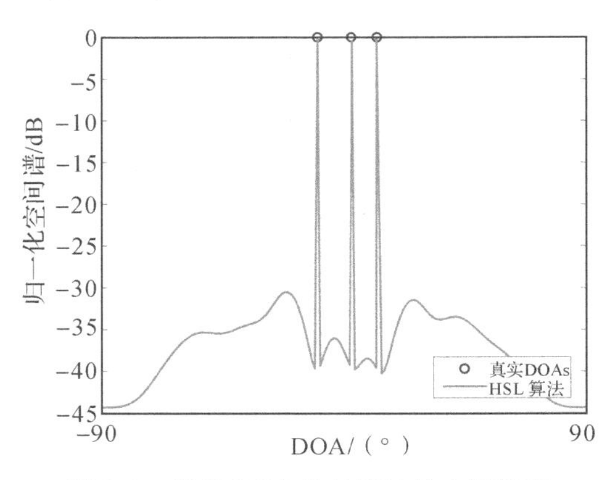

图 3.3　所提 DOA 估计算法的空间谱图

3.4.4　运算复杂度分析

下面简要分析所提算法的运算复杂度。在单次迭代中,计算 $\hat{\boldsymbol{\varepsilon}}$ 需要执行 $O(M^3)$ 次复乘操作;计算 $\overline{\boldsymbol{X}}$ 需要执行 $L[O(M^3)+O(2NM)+O(2N^2)]$ 次复乘操作;更新噪声精度 δ 需要执行 $L[O(2MN)+O(2M)+O(2N^2M)]$ 次复乘操作;此外,估计超参数向量 $\boldsymbol{\eta}$ 需要执行 $N[O(M^3)+O(2L)]$ 次复乘操作。由于 $N \gg M$,所以单次迭代所涉及的复乘次数约为 $L\times O(2MN^2)+(L+N)\times O(M^3)+N\times O(2L)$,将该运算复杂度乘以迭代次数即得到总运算复杂度。下节的仿真实验将表明,所提算法达到收敛所需的迭代次数一般是一个很小的数值。

3.5　数值仿真

在本节中,笔者利用数值仿真来验证所提算法(简称为 HSL 算法)的测向性能,并将其与其他现有算法,如 SURE - IR[28], OGSBI[29], iRVM[30], L1 - SVD[27] 以及 MUSIC[16] 的测向性能做比较。在以下仿真实验中,假设窄带信源入射到 10 阵元的 ULA 上,阵元间距为半波长,接收机噪声为零均值高斯白噪声。各算法的 DOA 估计结果的 RMSE 被定义为 $\mathrm{RMSE}=\left[\sum_{i=1}^{I}\|\hat{\theta}^{(i)}-\theta^{(i)}\|_2^2/(K\times I)\right]^{1/2}$,其中 I 表示 Monte-Carlo 实验次数,以下

仿真中设为 200，$\hat{\theta}^{(i)}$ 和 $\theta^{(i)}$ 分别表示第 i 次实验中 DOA 的真实值和估计值。由于各算法对信源数目先验信息的依赖程度不同，所以为公平比较，假设信源数目已知。文献[34]中推导出的 CRLB 被用来作为各无偏估计器的理论下界。所有仿真中，全空域[−90°，90°]被以 1°为间隔进行离散化划分，仿真平台为配置双核 CPU（主频为 3.4 GHz）和 16 GB RAM 的 PC。

在仿真 1 中，3 个信源设为等功率信号，入射方位分别为$-10°+\zeta$，$3°+\zeta$ 和 $11°+\zeta$，其中 ζ 被设为区间[−0.5°，0.5°]内的随机值，以满足信源方位的离格特性。若设快拍数为 $L=50$，SNR 的变化范围为−5～20 dB，则 RMSE 随 SNR 的变化情况如图 3.4 所示。由图示结果可知，随着 SNR 增高，各算法的测向精度逐渐提高。图示结果还表明，除 SURE－IR 算法和 MUSIC 算法外，其余稀疏测向算法均能在低 SNR 情形下准确分辨 3 个信源，其原因为 MUSIC 算法面临着采样协方差矩阵秩亏损的问题，SURE－IR 算法的估计结果易收敛至局部极小点（因该算法的目标函数为非凸的对数求和函数）。此外，由该次仿真结果可知，在整个 SNR 变化区间，所提 HSL 算法的测向精度最高，测向性能与理论最优的估计器（即 CRLB）最接近。对该现象的解释如下：所提 HSL 先验可有效分辨出重构结果中的谱峰和伪峰，因此能够极大地提高重构结果的稀疏度。由于 OGSBI 算法基于泰勒展开理论估计离格误差，所以受近似误差的影响，其测向精度劣于所提 HSL 算法。

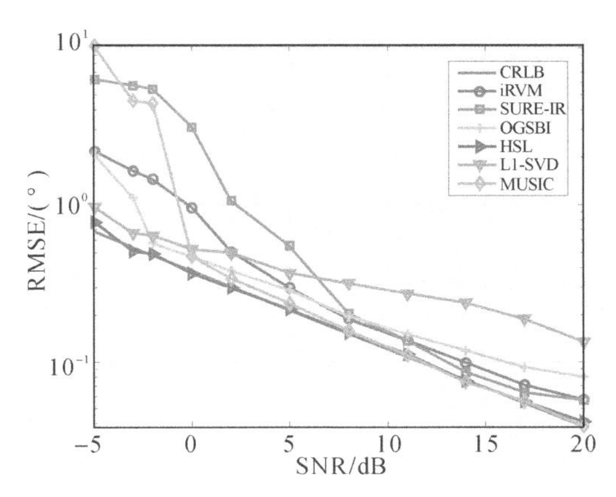

图 3.4　三独立信源情形下，各算法 RMSE 随 SNR 的变化图

下面比较各算法的计算效率。图 3.5 给出了各算法的运行时间随 SNR 的变化情况，图 3.6 给出了各算法达到收敛所需迭代次数随 SNR 的变化情况。显然稀疏测向算法的运算复杂度远大于 MUSIC 算法[一般为 $O(M^3)$ 量级]，然而考虑到图 3.5 所示的 MUSIC 算法在低 SNR 下的恶劣测向性能，该算法的计算

效率优势不足以体现其应用价值。与 HSL、OGSBI 和 iRVM 算法比较，SURE-IR 算法达到收敛所需迭代次数最少，但耗时最长，这是由于 SURE-IR 算法在迭代过程中同步更新字典参数，所以耗时较长。如图 3.6 所示，由于 iRVM 算法和 OGSBI 算法通常会过估计信源数目 K，所以与所提 HSL 算法相比，得到稀疏解往往需要更多的迭代步数。图 3.6 所示结果还表明，与 HSL 算法相比，L1-SVD 算法所需运算时间较短，对这一现象的解释如下：L1-SVD 算法采用成熟的优化后的工具包求解稀疏重构问题，而所提 HSL 算法所采用的 Matlab 程序未经过进一步优化，这也是笔者下一步须改进的地方。然而，L1-SVD 算法虽然运算效率高，但在高 SNR 下 RMSE 会偏离 CRLB，所提 HSL 算法虽然运算效率稍低，但 RMSE 始终贴近 CRLB。

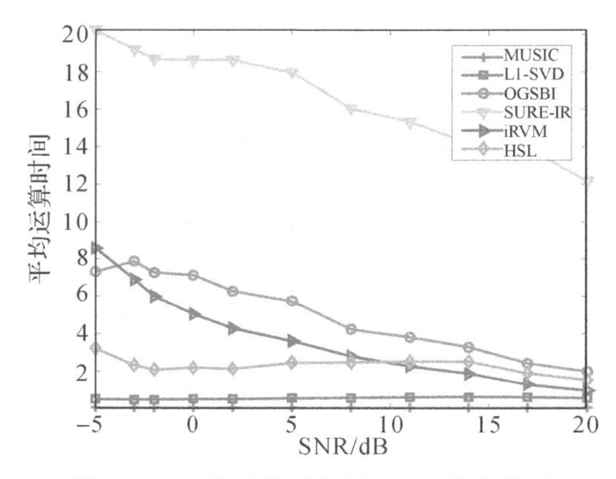

图 3.5 平均运算时间随 SNR 的变化图

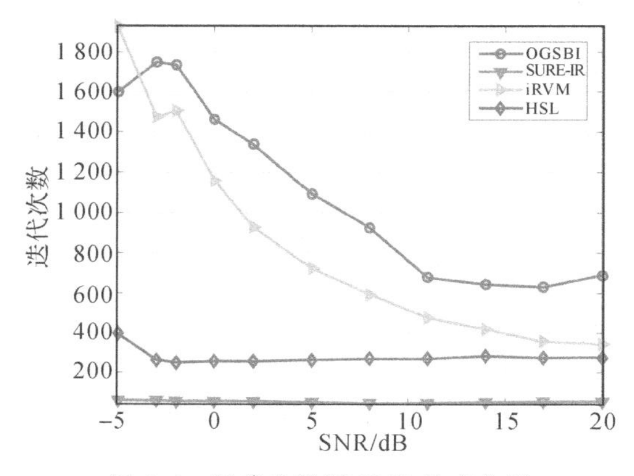

图 3.6 迭代次数随 SNR 的变化图

随后固定 SNR 为 0 dB，仅改变快拍数，其余仿真参数与图 3.4 中所用相同，所得仿真结果如图 3.7 所示。图示结果表明，随着快拍数增加，所测算法的测向精度均会提高。仿真结果还表明，只有当快拍数增加到 50 时，MUSIC 算法才能正确分辨出 3 个信源，但此情形下，MUSIC 算法的测向精度仍低于所提 HSL 算法。此外，当快拍数达到 100 时，SURE－IR 算法仍无法准确分辨 3 个信源。总之，在本次仿真参与对比的算法中，所提算法的测向精度最高。

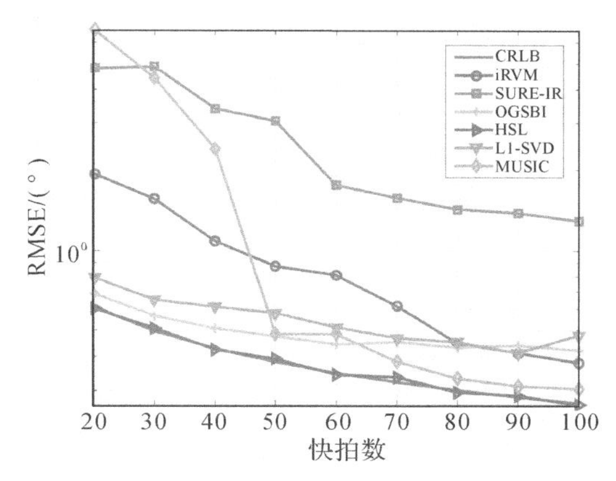

图 3.7　三独立信源情形下，各算法 RMSE 随快拍数的变化图

现分析各算法的测向性能与信号角度间隔间的依赖关系。将两信源的 SNR 固定为 0 dB，快拍数固定为 50，角度间隔（即 $|\theta_2-\theta_1|$）的变化范围为 5°～15°，其他仿真参数的设定值与前述实验相同。在该仿真环境中，两信源的方位可被分别表示为 $-|\theta_2-\theta_1|/2+\zeta$ 和 $|\theta_2-\theta_1|/2+\zeta$，其中 ζ 的设置方式与前述仿真实例相同。各 DOA 估计算法的 RMSE 曲线如图 3.8 所示，该图中的仿真结果表明，在所有对比算法中，HSL 算法的 DOA 估计精度最高，当两信源的角度间隔仅达到 6°时，HSL 算法的测向误差即已趋近 CRLB。仿真结果还表明，只有当角度间隔大于 10°时，SURE－IR 算法才能正确分辨出两信源。其他算法（包括 L1－SVD 算法、OGSBI 算法、iRVM 算法和 MUSIC 算法）的角度分辨阈值分别为 6°，7°，8°和 9°。

最后，检测各算法在相关信号模型中的测向性能。假设两相关信源的角度间隔为 8°，相关系数的变化范围为 0～1，快拍数为 50，SNR 为 0 dB，其余参数设为与前述实验相同的数值。在此信号环境中，空间平滑技术被应用于 MUSIC 算法中，以构造满秩协方差矩阵，但同时会损失阵列孔径。由图 3.9 所示仿真结果可知，随着信源相关系数的增加，各算法的测向性能下降，同时，仿真结果再次证实所提 HSL 算法在 DOA 估计精度方面相比其他算法具有巨大优势。

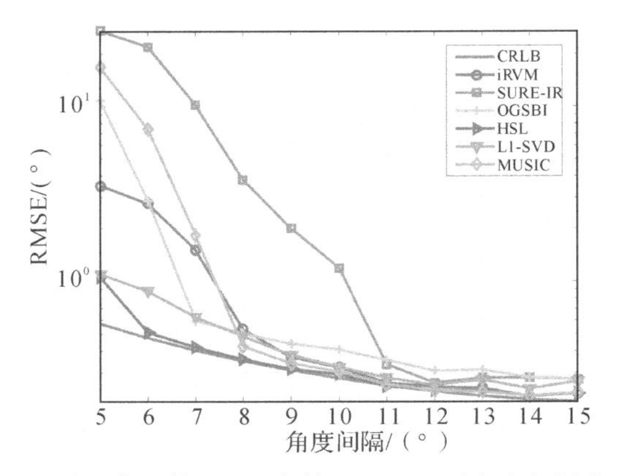

图 3.8　两独立信源情形下，各算法 RMSE 随角度间隔的变化图

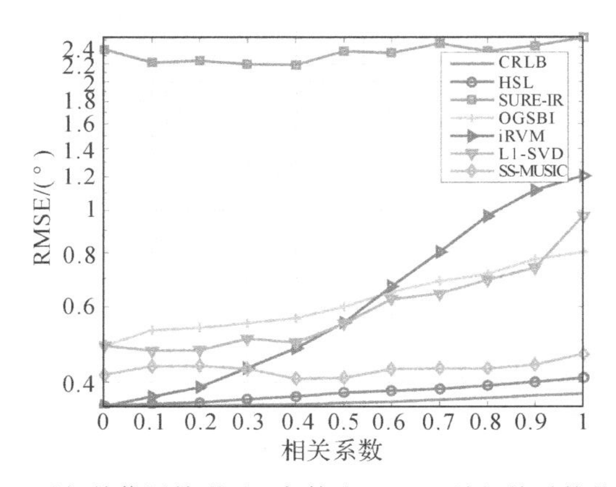

图 3.9　两相关信源情形下，各算法 RMSE 随相关系数的变化图

3.6　本章小结

笔者在本章提出了一种基于稀疏重构理论的离格 DOA 估计算法。笔者首先在 SBL 框架中设计分层先验模型以表征空域过完备基中的稀疏信号系数，所提 HSL 先验将信源矩阵的各行元素的先验分布表示为相互独立的混合拉普拉斯模型，并以伽马分布描述混合系数的统计特性。笔者比较了现有文献中各种不同的信号稀疏先验模型，并指出所提先验模型具有更高的稀疏度和更低的重构误差。在此基础上，笔者引入辅助变量并利用局域变分贝叶斯推断准则，提出

一种高效的参数推断方法，该方法的核心思想为对 HSL 分布进行局域高斯近似，以推导出概率图模型中各因子的后验分布的解析表达式。笔者还对如何减小稀疏测向算法中由空域离散化过程引起的离格误差做了深入分析，提出了一种基于稀疏重构结果的角度精估方法，该方法仅需在检测出的信号谱峰内进行一维搜索即可确定真实信号方位，运算复杂度较低。最后，笔者通过仿真实验证明所提算法在典型信号环境中具有比现有算法更高的测向精度。

3.7　本章参考文献

[1] TIPPING M. Sparse Bayesian learning and the relevance vector machine [J]. J. Mach. Learn. Res. ,2001, 1:211 - 244.

[2] FIGUEIREDO M A T. Adaptive sparseness for supervised learning[J]. IEEE Trans. Pattern Anal. Mach. Intell. ,2003, 25 (9):1150 - 1159.

[3] JI S, XUE Y, CARIN L. Bayesian compressive sensing[J]. IEEE Trans. Signal Process. ,2008, 56 (6): 2346 - 2356.

[4] HE L, CARIN L. Exploiting structure in wavelet-based Bayesian compressive sensing[J]. IEEE Trans. Signal Process. ,2009, 57 (9): 3488 - 3497.

[5] SEEGER M W, NICKISCH H. Compressed sensing and Bayesian experimental design[C]// Int. Conf. Machine Learning (ICML). 2008: 912 - 919.

[6] WIPF D P, RAO B D. Sparse Bayesian learning for basis selection[J]. IEEE Trans. Signal Process. ,2004,52 (8): 2153 - 2164.

[7] MACKAY D J C. Bayesian interpolation[J]. Neural Computation. , 1992, 4:415 - 447.

[8] WIPF D, PALMER J, RAO B. Perspective on sparse Bayesian learning [J]. Comput. Eng. ,2004,16 (1):249.

[9] BABACAN S D, MOLINA R, KATSAGGELOS A K. Bayesian compressive sensing using Laplace priors[J]. IEEE Trans. Image Process. , 2010,19 (1): 53 - 63.

[10] TZIKAS D G, LIKAS C, GALATSANOS N P. The variational ap-

proximation for Bayesian inference[J]. IEEE Signal Process. Mag., 2008, 25 (6):131-146.

[11] RAKVONGTHAI Y, VO A, ORAINTARA S. Complex Gaussian scale mixtures of complex wavelet coefficients[J]. IEEE Trans. Signal Process., 2010, 58 (7):3545-3556.

[12] KRIM H, VIBERG M. Two decades of array signal processing research: the parametric approach[J]. IEEE Signal Process. Mag., 1996, 13 (4): 67-94.

[13] STOICA P, MOSES R L. Spectral analysis of signals[M]. New Jersy: Pearson/Prentice-Hall, 2005.

[14] VAN TREES H L. Optimum array processing: part Ⅳ of detection, estimation and modulation theory[M]. New York: Wiley, 2002.

[15] TUNCER T E, FRIEDLANDER B. Classical and modern Direction-of-Arrival estimation[M]. Boston: Academic/Elsevier, 2009.

[16] SCHMIDT R O. Multiple emitter location and signal parameter estimation[J]. IEEE Trans. Antennas Propag., 1986, 34 (3):276-280.

[17] ROY R, KAILATH T. ESPRIT: estimation of signal parameters via rotational invariance techniques[J]. IEEE Trans. Acoust., Speech, Signal Process., 1989, 37 (7) :984-995.

[18] STOICA P, ARYE N. MUSIC, maximum likelihood, and Cramer-Rao bound[J]. IEEE Trans. Acoust., Speech Signal Process., 1989, 37 (5):720-741.

[19] PILLAI S U, KWON B H. Forward/backward spatial smoothing techniques for coherent signal identification[J]. IEEE Trans. Acoust., Speech Signal Process., 1989, 37 (1):8-15.

[20] CANDES E J, ROMBERG J, TAO T. Robust uncertainty principles: exact signal reconstruction from highly incomplete frequency information[J]. IEEE Trans. Inf. Theory., 2006, 52 (2):489-509.

[21] DONOHO D L. Compressed sensing[J]. IEEE Trans. Inf. Theory., 2006, 52 (4): 1289-1306.

[22] CANDES E J, ELDAR Y C, NEEDELL D, et al. Compressed sensing

with coherent and redundant dictionaries[J]. Appl. Comput. Harmon. Anal. ,2011, 31 (1):59 - 73.

[23] CANDES E J, TAO T. Near optimal signal recovery from random projections: universal encoding strategies[J]. IEEE Trans. Inf. Theory. , 2006, 52 (12):5406 - 5425.

[24] CANDES E J, TAO T. The dantzig selector: statistical estimation when *p* is much larger than *n*[J]. Ann. Statist. ,2007, 35 (6) :2313 - 2351.

[25] TROPP J A, GILBERT A C. Signal recovery from random measurements via orthogonal matching pursuit[J]. IEEE Trans. Inf. Theory. , 2007, 53 (12): 4655 - 4666.

[26] WIPF D P, RAO B D. An empirical Bayesian strategy for solving the simultaneous sparse approximation problem[J]. IEEE Trans. Signal Process. ,2007, 55 (7):3704 - 3716.

[27] MALIOUTOV D, CETIN M, WILLSKY A S. A sparse signal reconstruction perspective for source localization with sensor arrays[J]. IEEE Trans. Signal Process. ,2005, 53 (8):3010 - 3022.

[28] FANG J, WANG F, SHEN Y, et al. Super-resolution compressed sensing for line spectral estimation: an iterative reweighted approach [J]. IEEE Trans. Signal Process. ,2016, 64 (18):4649 - 4662.

[29] YANG Z, XIE L, ZHANG C. Off-grid direction of arrival estimation using sparse Bayesian inference[J]. IEEE Trans. Signal Process. , 2013, 61 (1):38 - 43.

[30] LIU Z, HUANG Z, ZHOU Y. An efficient maximum likelihood method for direction-of-arrival estimation via sparse Bayesian learning[J]. IEEE Trans. Wireless Commun. ,2012,11 (10):1 - 11.

[31] WIPF D P, RAO B D, NAGARAJAN S. Latent variable Bayesian models for promoting sparsity[J]. IEEE Trans. Inf. Theory. ,2011, 57 (9):6236 - 6255.

[32] AUSTIN C D, MOSES R L, ASH J N,et al. On the relation between sparse reconstruction and parameter estimation with model order selec-

tion[J]. IEEE J. Sel. Topics Signal Process. ,2010, 4 (3): 560 - 570.

[33] STOICA P, BABU P. Sparse estimation of spectral lines: grid selection problems and their solutions[J]. IEEE Trans. Signal Process. ,2012, 60 (2):962 - 967.

[34] STOICA P, LARSSON E G, GERSHMAN A B. The stochastic CRB for array processing: a textbook derivation[J]. IEEE Signal Process. Lett. ,2001, 8 (5):148 - 150.

第 4 章　基于相关信号结构特征的稀疏贝叶斯离格 DOA 估计算法

4.1　引　　言

历经数十年深入研究，利用传感器阵列进行 DOA 估计已成为阵列信号处理领域的热门研究方向[1-3]。DOA 估计问题与谐波恢复问题类似，可通过利用参数化方法（如以 MUSIC 算法[4]为代表的子空间类超分辨算法）进行求解。绝大多数传统子空间类 DOA 估计算法的主要缺点为无法适用于相干信号环境，而该信号环境由于多径传播的缘故，在工程实践中较为常见。空间平滑（Spatial Smoothing，SS）技术[5]作为一种信号预处理技术，能够对相关信号进行高效解相关，但不可避免地会损失阵列的有效孔径。与传统 MUSIC 算法相比，MODE[6]子空间 DOA 估计算法能够更好地适应相关信号环境，该算法的 DOA 估计精度与理论最优的 ML 算法相当，但无须执行耗时的多维搜索流程。然而，MODE 算法不具备闭式解。此外，MODE 算法和其他子空间类算法均须预知入射信源数目这一先验信息，而该信息在大多数实际应用场景中并不易获得。

由于大部分自然信号在特定基下具有稀疏表示形式，所以稀疏信号重构（亦称之为压缩感知[7-10]），作为一种新兴的 DOA 估计技术，于近年来受到广泛关注。文献[11，12]表明，通过合理利用信号的内在稀疏性，测向算法的估计精度能够获得大幅度提升。现有稀疏诱导 DOA 估计算法可大致分为如下两类：ℓ_p -范数类（$0\leqslant p\leqslant 1$）[13-15]和 SBL 类[16-19]。尽管基于压缩感知理论的算法对稀疏信号系数间的相关性不敏感，但这类算法由于缺乏对稀疏信号内部相关结构特征的细致概率建模过程，所以在相干信号环境中仍难以得到理想的 DOA 估计精度，这一点在本章的仿真部分将会进行具体展示。另外，目前已有多种基于信号“簇稀疏”特性的压缩感知算法被相继提出，如 BOMP 算法[20]、BSBL 算法[21]等。这些算法的设计准则为稀疏信号中“大系数”的成簇分布特性，因此各非零信号系数间的相关性得以充分利用。这些算法的缺点为信号簇的数量及各信号簇在稀疏信号向量中的具体位置均需已知。此外，这些算法中用到的不同信号簇间的相互独立假设也往往与实际信号环境不符。换言之，上述失配信号模型将使得基于信号簇稀疏特性设计的测向算法的估计精度严重降低。

现有稀疏测向算法的另一个缺点为受离格误差影响严重[22, 23]，该误差由空域离散化建模引入，换言之，无论空域网格划分得多么精细，都无法保证所有信源精确位于预设的格点上。为解决此问题，文献[24]提出基于信号系数与格点误差联合稀疏性的改进思路。然而，该方法仅对信号的真实方位进行了一阶近似，因此其估计精度仍受限于高阶模型失配效应。文献[25]提出基于协方差匹配和凸优化准则的无网格 DOA 估计算法，称为 SPA 算法，然而该算法无法处理相关信号。

在本章中，笔者做出的贡献可总结如下：笔者详述了如何利用分层概率框架对相关信号的内在结构特征进行建模，以及如何利用变分贝叶斯技术在所建立的分层概率模型中进行参数推断。

由于上述算法存在各种各样的性能缺陷，所以须提出一种新的稀疏测向算法增强稳健性。笔者所提算法的第一个创新点在于建立了分层模型以合成自适应 Lasso 先验，即分别利用拉普拉斯分布和伽马分布作为稀疏信号向量和超参数向量的先验分布函数。如本章仿真结果所示，该先验模型在减小重构误差和提高重构稀疏度方面具有优势。第二个创新点为笔者通过对边缘似然函数进行最大化的技术手段得到细化的 DOA 估计结果，以消除传统稀疏测向算法中由稀疏表示基失配引起的格点误差。笔者在本章最后还利用大量仿真实验验证所提稀疏贝叶斯测向算法的有效性。

4.2 信号模型

假设 N 个相关远场窄带信源同时入射到由 M 个各向同性阵元组成的阵列上，各信源入射角度组成的集合为 $\theta=\{\theta_1,\cdots,\theta_N\}$。将信号波形分为 V 组 $\boldsymbol{x}_c^v(t)$，$v=1,\cdots,V$。各组内的信号互相相关，不同组间的信号互相独立。第 v 组

内包含 N_v 个相关信号，其中第 n 个相关信号的入射方位为 $\theta_c^{v_n}$，$n=1,\cdots,N_v$。根据如上假设条件，可知在采样时刻 t $(1\leqslant t\leqslant L)$，阵列接收的信号可表示为

$$\boldsymbol{y}(t)=\sum_{v=1}^{V}\sum_{n=1}^{N_v}\boldsymbol{a}(\theta_c^{v_n})\rho_{v_n}\boldsymbol{x}_c^v(t)+\boldsymbol{n}(t)=\boldsymbol{A}_c\boldsymbol{x}_c(t)+\boldsymbol{n}(t) \tag{4-1}$$

式中：$\boldsymbol{a}(\theta_c^{v_n})$ 表示导向矢量；ρ_{v_n} 表示第 v 组内第 n 个信号的复散射系数；$\boldsymbol{A}_c=[\boldsymbol{A}_1,\cdots,\boldsymbol{A}_V]$ 表示阵列流形矩阵，其中 $\boldsymbol{A}_v=[\boldsymbol{a}(\theta_c^{v_1}),\cdots,\boldsymbol{a}(\theta_c^{v_{N_v}})]$；$\boldsymbol{x}_c(t)=[\boldsymbol{\rho}_1\boldsymbol{x}_c^1(t),\cdots,\boldsymbol{\rho}_V\boldsymbol{x}_c^V(t)]^{\mathrm{T}}$ 表示信号波形向量，其中 $\boldsymbol{\rho}_v=[\rho_{v_1},\cdots,\rho_{v_{N_v}}]$；$M\times1$ 维向量 $\boldsymbol{n}(t)$ 表示零均值加性高斯白噪声，其与各入射信源相互独立。

收集 L 个如式(4-1)所示的采样快拍，则可得到如下的多快拍测量模型：

$$\boldsymbol{Y}=\boldsymbol{A}_c\boldsymbol{X}_c+\boldsymbol{N} \tag{4-2}$$

式中：$\boldsymbol{Y}=[\boldsymbol{y}(1),\cdots,\boldsymbol{y}(L)]$；$\boldsymbol{N}=[\boldsymbol{n}(t_1),\cdots,\boldsymbol{n}(t_L)]$；$\boldsymbol{X}_c$ 和 $\boldsymbol{N}$ 的构造方式类似。

对信号所有可能的入射空域进行均匀离散化，得到超完备角度集合 $\Theta=\{\theta_1,\cdots,\theta_K\}$ $(K\gg N)$，则式(4-2)对应的稀疏表示形式为

$$\boldsymbol{Y}=\boldsymbol{A}\boldsymbol{X}+\boldsymbol{N} \tag{4-3}$$

式中：$\boldsymbol{A}$ 表示超完备阵列流形矩阵；$\boldsymbol{X}$ 是 $\boldsymbol{X}_c$ 从集合 θ 到集合 Θ 的补零扩展形式。在建立如上稀疏表示模型后，DOA估计问题等价为确定稀疏矩阵 $\boldsymbol{X}$ 中非零行的位置。

4.3　稀疏贝叶斯模型

首先以如下复高斯似然函数描述阵列输出 $\boldsymbol{Y}$ 的统计特性：

$$\begin{aligned}p(\boldsymbol{Y})&=\prod_{i=1}^{L}\mathcal{CN}(\boldsymbol{Y}_{\cdot i}\mid\boldsymbol{A}\boldsymbol{X}_{\cdot i},\beta^{-1}\boldsymbol{I}_M)\\&=\prod_{i=1}^{L}\frac{1}{\pi^M}\beta^M\exp[-\beta(\boldsymbol{Y}_{\cdot i}-\boldsymbol{A}\boldsymbol{X}_{\cdot i})^{\mathrm{H}}(\boldsymbol{Y}_{\cdot i}-\boldsymbol{A}\boldsymbol{X}_{\cdot i})]\end{aligned} \tag{4-4}$$

式中：$\boldsymbol{Y}_{\cdot i}$ 和 $\boldsymbol{X}_{\cdot i}$ 分别表示 $\boldsymbol{Y}$ 和 $\boldsymbol{X}$ 的第 i 列；$\beta>0$ 表示噪声精度，其服从如下共轭伽马先验分布：

$$p(\beta)=\mathrm{Gamma}(\beta|c,d)=\frac{1}{\Gamma(c)}d^c\beta^{c-1}\exp(-d\beta) \tag{4-5}$$

式中:$\Gamma(\cdot)$表示伽马函数;c 和 d 表示超参数。其次引入由一组 D 维隐变量组成的数据集$\boldsymbol{Z}=\{\boldsymbol{Z}_{\cdot i}\}_{i=1}^{L}$,其先验分布可表示为如下 L 个独立零均值高斯分布之积:

$$p(\boldsymbol{Z})=\prod_{i=1}^{L}\mathcal{CN}(\boldsymbol{Z}_{\cdot i}\mid\boldsymbol{0},\boldsymbol{I}_D)=\prod_{i=1}^{L}\left(\frac{1}{\pi}\right)^{D}\exp(-\|\boldsymbol{Z}_{\cdot i}\|_2^2) \tag{4-6}$$

假设稀疏矩阵 $\boldsymbol{X}$ 的第 i 列与$\boldsymbol{Z}_{\cdot i}$之间满足线性变换关系$\boldsymbol{X}_{\cdot i}=\boldsymbol{W}\boldsymbol{Z}_{\cdot i}+\boldsymbol{\mu}+\boldsymbol{\varepsilon}$,其中$\boldsymbol{W}$为一$K\times D$ 维矩阵,$\boldsymbol{\mu}$ 为一K 维向量,$\boldsymbol{\varepsilon}$ 为拟合误差,服从零均值高斯分布。根据以上建模思路,可知 $\boldsymbol{X}$ 服从如下概率分布:

$$\begin{aligned}p(\boldsymbol{X})&=\prod_{i=1}^{L}\mathcal{CN}(\boldsymbol{X}_{\cdot i}\mid\boldsymbol{W}\boldsymbol{Z}_{\cdot i}+\boldsymbol{\mu},\boldsymbol{\Lambda}^{-1})\\&=\prod_{i=1}^{L}\frac{1}{\pi^{K}}|\boldsymbol{\Lambda}|\exp[-(\boldsymbol{X}_{\cdot i}-\boldsymbol{W}\boldsymbol{Z}_{\cdot i}-\boldsymbol{\mu})^{\mathrm{H}}\boldsymbol{\Lambda}(\boldsymbol{X}_{\cdot i}-\boldsymbol{W}\boldsymbol{Z}_{\cdot i}-\boldsymbol{\mu})]\end{aligned} \tag{4-7}$$

式中:$\boldsymbol{\Lambda}\triangleq\mathrm{diag}(\boldsymbol{\gamma})$,$\boldsymbol{\gamma}=[\gamma_1,\cdots,\gamma_K]^{\mathrm{T}}$。$\boldsymbol{X}_{\cdot i}$ 的边缘概率分布可由如下积分运算得出,仍为高斯分布,即 $p(\boldsymbol{X}_{\cdot i})=\int p(\boldsymbol{X}_{\cdot i}\mid\boldsymbol{Z}_{\cdot i})p(\boldsymbol{Z}_{\cdot i})\mathrm{d}\boldsymbol{Z}_{\cdot i}=\mathcal{CN}(\boldsymbol{\mu},\boldsymbol{C})$,其中,协方差矩阵$\boldsymbol{C}=\boldsymbol{W}\boldsymbol{W}^{\mathrm{H}}+\boldsymbol{\Lambda}^{-1}$,并且由于该矩阵为非对角阵,所以 $\boldsymbol{X}$ 中不同行之间的相关性得以体现。具体来说,以上线性高斯隐变量模型将各入射信号的功率包含在对角矩阵$\boldsymbol{\Lambda}^{-1}$的主对角线中,将不同信号间的相关因子包含在矩阵$\boldsymbol{W}$中。需要指出的是,在现有压缩感知文献中,还未有学者建立类似的相关信号概率先验模型。尽管文献[21]对稀疏信号向量进行了分块,并利用了各块信号内元素间的相关性,但并未考虑相邻信号块间的相关性。此外,该方法还须调试多个用户参数,以使算法估计性能达到最优。与该算法不同,笔者上面设计的概率模型无须对稀疏信号向量进行复杂的块划分,且能自适应地重构信号中的独立成分和相关成分。

进一步,可针对矩阵$\boldsymbol{W}$中的列向量设计如下条件高斯先验分布:

$$\begin{aligned}p(\boldsymbol{W}\mid\boldsymbol{\alpha})&=\prod_{i=1}^{D}\left(\frac{\alpha_i}{\pi}\right)^{K}\exp(-\alpha_i\|\boldsymbol{W}_{\cdot i}\|_2^2)\\&=\prod_{i=1}^{K}\frac{1}{\pi^{D}}\mathrm{diag}(\boldsymbol{\alpha})\exp(-\boldsymbol{W}_{i\cdot}^{\mathrm{H}}\mathrm{diag}(\boldsymbol{\alpha})\boldsymbol{W}_{i\cdot})\end{aligned} \tag{4-8}$$

这一先验分布的具体“形状”由 D 维超参数向量$\boldsymbol{\alpha}=\{\alpha_1,\cdots,\alpha_D\}$调控,每一个超参数决定着$\boldsymbol{W}_{\cdot i}$的精度。

为完成贝叶斯分层概率模型的构建，可进一步针对参数 $\boldsymbol{\alpha}$，$\boldsymbol{\gamma}$，$\boldsymbol{\mu}$ 和 $\boldsymbol{Z}$ 设计相应的共轭先验，如下所示：

$$p(\boldsymbol{\alpha})=\prod_{i=1}^{D}\text{Gamma}(\alpha_i \mid g,h)=\prod_{i=1}^{D}\frac{1}{\Gamma(g)}h^g\alpha_i^{g-1}\exp(-h\alpha_i) \tag{4-9}$$

$$p(\boldsymbol{\gamma})=\prod_{i=1}^{K}\text{Gamma}(\gamma_i \mid a,b)=\prod_{i=1}^{K}\frac{1}{\Gamma(a)}b^a\gamma_i^{a-1}\exp(-b\gamma_i) \tag{4-10}$$

$$p(\boldsymbol{\mu})=\mathcal{CN}(\boldsymbol{\mu} \mid \boldsymbol{0},\delta^{-1}\boldsymbol{I}_K)=\left(\frac{\delta}{\pi}\right)^K\exp(-\delta\|\boldsymbol{\mu}\|_2^2) \tag{4-11}$$

$$p(\boldsymbol{Z})=\prod_{i=1}^{L}\mathcal{CN}(\boldsymbol{Z}_{\cdot i} \mid \boldsymbol{0},\boldsymbol{I}_D)=\prod_{i=1}^{L}\left(\frac{1}{\pi}\right)^D\exp(-\|\boldsymbol{Z}_{\cdot i}\|_2^2) \tag{4-12}$$

可令 $a=b=c=d=g=h=10^{-6}$ 和 $\delta=10^{-3}$，以得到“无信息”先验。考虑式(4-8)和式(4-9)所示的两层先验，可知将参数 $\boldsymbol{\alpha}$ 当作无关参数积分掉后，得到的边缘分布 $p(\boldsymbol{W}|g,h)$ 为学生-t 分布。与此类似，考虑式(4-7)和式(4-10)所示的两层先验分布，并将参数 $\boldsymbol{\gamma}$ 作为无关参数积分掉，可知 $\boldsymbol{X}_{\cdot i}$ 的先验分布为拉普拉斯分布。显然，与常规稀疏测向算法采用的高斯先验分布相比，学生-t 分布/拉普拉斯分布的“质量”向坐标轴原点的聚集效应更明显，因此更能促进重构结果的稀疏化。

4.4　贝叶斯推断

4.4.1　更新隐变量

为得到稀疏贝叶斯模型中各未知变量(亦称为隐变量)的最大似然估计值，采用文献[26]中提出的变分贝叶斯推断算法来迭代更新这些隐变量的后验概率分布，进而得到期望的最大似然估计结果。以符号 ξ 表示由所有隐变量组成的集合，即 $\xi=\{\boldsymbol{X},\boldsymbol{W},\boldsymbol{Z},\boldsymbol{\mu},\boldsymbol{\alpha},\beta,\boldsymbol{\gamma}\}$，则变分贝叶斯方法以迭代方式得到真实后验分布 $p(\xi|\boldsymbol{Y})$ 的近似形式 $q(\xi)$。在变分贝叶斯推断中，一般假设隐变量的联合后验概率分布是近似解耦的，即 $q(\xi)=q(\boldsymbol{X})q(\boldsymbol{W})q(\boldsymbol{Z})q(\boldsymbol{\mu})q(\boldsymbol{\alpha})q(\beta)q(\boldsymbol{\gamma})$。根据此概率分解形式，可知利用变分法得到的某一后验概率因子 $q(\xi_i)$ 的最优解为

$$\ln q^*(\xi_i)=\langle \ln p(\boldsymbol{Y},\xi)\rangle_{q(\xi\backslash\xi_i)}+\text{const} \tag{4-13}$$

式中：$\langle\cdot\rangle$表示取统计期望操作；$\xi\backslash\xi_i$ 表示从集合 ξ 中剔除掉元素 ξ_i 后，剩余元素组成的集合。为后续表示方便起见，将最优概率分布 q^* 以符号 q 表示。

由于篇幅所限，现将各隐变量的最优后验概率分布总结如下，而不给出具体推导过程[读者可借助式(4-13)自行推导]。

$$q(\boldsymbol{X})=\prod_{i=1}^{L}\mathcal{CN}(\boldsymbol{X}_{\cdot i}\mid\boldsymbol{\mu}_{\boldsymbol{X}}^{(i)},\boldsymbol{\Sigma}_{\boldsymbol{X}})\tag{4-14}$$

$$q(\boldsymbol{W})=\prod_{j=1}^{D}\mathcal{CN}(\widetilde{\boldsymbol{W}}_j\mid\boldsymbol{\mu}_{W}^{(j)},\boldsymbol{\Sigma}_{W}^{(j)})\tag{4-15}$$

$$q(\boldsymbol{Z})=\prod_{i=1}^{L}\mathcal{CN}(\boldsymbol{Z}_{\cdot i}\mid\boldsymbol{\mu}_{Z}^{(i)},\boldsymbol{\Sigma}_{Z})\tag{4-16}$$

$$q(\boldsymbol{\mu})=\mathcal{CN}(\boldsymbol{\mu}\mid\boldsymbol{\mu}_{\mu},\boldsymbol{\Sigma}_{\mu})\tag{4-17}$$

$$q(\boldsymbol{\alpha})=\prod_{i=1}^{D}\mathrm{Gamma}(\alpha_i\mid\widetilde{g},\widetilde{h_i})\tag{4-18}$$

$$q(\beta)=\mathrm{Gamma}(\beta\mid\widetilde{c},\widetilde{d})\tag{4-19}$$

$$q(\boldsymbol{\gamma})=\prod_{j=1}^{K}\mathrm{Gamma}(\gamma_j\mid\widetilde{a},\widetilde{b_j})\tag{4-20}$$

其中，$\widetilde{\boldsymbol{W}}_j$ 表示矩阵 $\boldsymbol{W}$ 的第 j 行。

$$\boldsymbol{\mu}_{\boldsymbol{X}}^{(i)}=\boldsymbol{\Sigma}_{\boldsymbol{X}}[\langle\beta\rangle\boldsymbol{A}^{\mathrm{H}}\boldsymbol{Y}_{\cdot i}+\langle\boldsymbol{\Psi}\rangle^{-1}\langle\boldsymbol{W}\boldsymbol{Z}_{\cdot i}+\boldsymbol{\mu}\rangle]\tag{4-21}$$

$$\boldsymbol{\Sigma}_{\boldsymbol{X}}=[\langle\beta\rangle\boldsymbol{A}^{\mathrm{H}}\boldsymbol{A}+\langle\boldsymbol{\Psi}\rangle^{-1}]^{-1}\tag{4-22}$$

$$\boldsymbol{\mu}_{W}^{(j)}=\boldsymbol{\Sigma}_{W}^{(j)}\langle\gamma_j\rangle\sum_{i=1}^{L}\langle\boldsymbol{X}_{ji}-\mu_j\rangle^{\mathrm{H}}\langle\boldsymbol{Z}_{\cdot i}\rangle\tag{4-23}$$

$$\boldsymbol{\Sigma}_{W}^{(j)}=\left[\sum_{i=1}^{L}\langle\gamma_j\rangle\langle\boldsymbol{Z}_{\cdot i}\boldsymbol{Z}_{\cdot i}^{\mathrm{H}}\rangle+\mathrm{diag}\langle\boldsymbol{\alpha}\rangle\right]^{-1}\tag{4-24}$$

$$\boldsymbol{\mu}_{Z}^{(i)}=\boldsymbol{\Sigma}_{Z}\langle\boldsymbol{W}\rangle^{\mathrm{H}}\langle\boldsymbol{\Lambda}\rangle\langle\boldsymbol{X}_{\cdot i}-\boldsymbol{\mu}\rangle\tag{4-25}$$

$$\boldsymbol{\Sigma}_{Z}=\langle\boldsymbol{I}+\boldsymbol{W}^{\mathrm{H}}\boldsymbol{\Lambda}\boldsymbol{W}\rangle^{-1}\tag{4-26}$$

$$\boldsymbol{\mu}_{\mu}=\boldsymbol{\Sigma}_{\mu}\sum_{i=1}^{L}\langle\boldsymbol{\Lambda}\rangle\langle\boldsymbol{X}_{\cdot i}-\boldsymbol{W}\boldsymbol{Z}_{\cdot i}\rangle\tag{4-27}$$

$$\boldsymbol{\Sigma}_{\mu}=\langle L\boldsymbol{\Lambda}+\delta\boldsymbol{I}\rangle^{-1}\tag{4-28}$$

$$\widetilde{g}=K+g\tag{4-29}$$

$$\widetilde{h_i}=\|\langle\boldsymbol{W}_{\cdot i}\rangle\|_2^2+h\tag{4-30}$$

$$\widetilde{c}=c+LM\tag{4-31}$$

$$\widetilde{d}=d+\sum_{i=1}^{L}[\|\boldsymbol{Y}_{\cdot i}-\boldsymbol{A}\boldsymbol{\mu}_{\boldsymbol{X}}^{(i)}\|_2^2+\mathrm{tr}(\boldsymbol{A}^{\mathrm{H}}\boldsymbol{A}\boldsymbol{\Sigma}_{\boldsymbol{X}})]\tag{4-32}$$

$$\widetilde{a}=a+L\tag{4-33}$$

$$\widetilde{b_j} = b + \sum_{i=1}^{L} |\langle \boldsymbol{X}_{ji} \rangle - \langle \boldsymbol{W}_{j}.\boldsymbol{Z}_{\cdot i} \rangle - \langle \mu_j \rangle|^2 \tag{4-34}$$

由于式(4-14)～式(4-20)所示的近似后验分布相互影响，所以这些分布应联合迭代更新，直至满足变分推断算法的收敛条件。

4.4.2　DOA 精估

为了解决由空域离散化引起的格点失配问题，须对上一节得到的 DOA 粗估结果进行进一步细化。

将联合概率分布 $p(\boldsymbol{Y},\boldsymbol{\gamma},\beta,\boldsymbol{X})$ 中的变量 $\boldsymbol{X}$ 积分掉，得到如下边缘化的联合概率分布 $p(\boldsymbol{Y},\boldsymbol{\gamma},\beta)$（取其对数形式）：

$$\begin{aligned}\mathcal{L}(\boldsymbol{\gamma}) &= \ln p(\boldsymbol{Y},\boldsymbol{\gamma},\beta) = \sum_{i=1}^{L} \ln \int p(\boldsymbol{Y}_{\cdot i} \mid \boldsymbol{X}_{\cdot i},\beta)\, p(\boldsymbol{X}_{\cdot i} \mid \boldsymbol{W},\boldsymbol{Z}_{\cdot i},\boldsymbol{\mu},\boldsymbol{\gamma})\, p(\boldsymbol{\gamma} \mid a,b)\, \mathrm{d}\boldsymbol{X}_{\cdot i} \\ &= \sum_{i=1}^{L} \{-\ln|\boldsymbol{B}| - [\boldsymbol{Y}_{\cdot i} - \boldsymbol{A}(\boldsymbol{W}\boldsymbol{Z}_{\cdot i} + \boldsymbol{\mu})]^{\mathrm{H}} \boldsymbol{B}^{-1} [\boldsymbol{Y}_{\cdot i} - \boldsymbol{A}(\boldsymbol{W}\boldsymbol{Z}_{\cdot i} + \boldsymbol{\mu})]\} + \\ &\quad (a-1)[\ln\gamma_1 + \cdots + \ln\gamma_K] - b\sum_{i}\gamma_i + \text{const}\end{aligned} \tag{4-35}$$

式中：$\boldsymbol{B} = \beta^{-1}\boldsymbol{I} + \boldsymbol{A}\boldsymbol{\Psi}\boldsymbol{A}^{\mathrm{H}}$。观察式(4-35)，可知矩阵 $\boldsymbol{B}$ 可拆解为如下形式：

$$\boldsymbol{B} = \beta^{-1}\boldsymbol{I} + \sum_{i \neq j} \gamma_i^{-1} \boldsymbol{a}_i \boldsymbol{a}_i^{\mathrm{H}} + \gamma_j^{-1} \boldsymbol{a}_j \boldsymbol{a}_j^{\mathrm{H}} = \boldsymbol{B}_{-j} + \gamma_j^{-1} \boldsymbol{a}_j \boldsymbol{a}_j^{\mathrm{H}} \tag{4-36}$$

式中：$\boldsymbol{A} = [\boldsymbol{a}_1,\cdots,\boldsymbol{a}_K]$；$\boldsymbol{B}_{-j}$ 由 $\boldsymbol{B}$ 剔除第 j 个信号成分后得到。根据式(4-36)，并应用矩阵行列式性质和求逆引理，可得到下面结果：

$$|\boldsymbol{B}| = |\boldsymbol{B}_{-j}|\,|1 + \gamma_j^{-1} \boldsymbol{a}_j^{\mathrm{H}} \boldsymbol{B}_{-j}^{-1} \boldsymbol{a}_j| \tag{4-37}$$

$$\boldsymbol{B}^{-1} = \boldsymbol{B}_{-j}^{-1} - \frac{\boldsymbol{B}_{-j}^{-1} \boldsymbol{a}_j \boldsymbol{a}_j^{\mathrm{H}} \boldsymbol{B}_{-j}^{-1}}{\gamma_j + \boldsymbol{a}_j^{\mathrm{H}} \boldsymbol{B}_{-j}^{-1} \boldsymbol{a}_j} \tag{4-38}$$

根据上述结果，可将 $\mathcal{L}(\boldsymbol{\gamma})$ 展开为如下形式：

$$\begin{aligned}\mathcal{L}(\boldsymbol{\gamma}) &= -L\ln|\boldsymbol{B}_{-j}| - \sum_{i=1}^{L} [\boldsymbol{Y}_{\cdot i} - \boldsymbol{A}(\boldsymbol{W}\boldsymbol{Z}_{\cdot i} + \boldsymbol{\mu})]^{\mathrm{H}} \boldsymbol{B}_{-j}^{-1} [\boldsymbol{Y}_{\cdot i} - \boldsymbol{A}(\boldsymbol{W}\boldsymbol{Z}_{\cdot i} + \boldsymbol{\mu})] + \\ &\quad (a-1)\ln\prod_{i \neq j}\gamma_i - b\sum_{i \neq j}\gamma_i - L\ln|1 + \gamma_j^{-1} \boldsymbol{a}_j^{\mathrm{H}} \boldsymbol{B}_{-j}^{-1} \boldsymbol{a}_j| + \\ &\quad \sum_{i=1}^{L} [\boldsymbol{Y}_{\cdot i} - \boldsymbol{A}(\boldsymbol{W}\boldsymbol{Z}_{\cdot i} + \boldsymbol{\mu})]^{\mathrm{H}} \frac{\boldsymbol{B}_{-j}^{-1} \boldsymbol{a}_j \boldsymbol{a}_j^{\mathrm{H}} \boldsymbol{B}_{-j}^{-1}}{\gamma_j + \boldsymbol{a}_j^{\mathrm{H}} \boldsymbol{B}_{-j}^{-1} \boldsymbol{a}_j} [\boldsymbol{Y}_{\cdot i} - \boldsymbol{A}(\boldsymbol{W}\boldsymbol{Z}_{\cdot i} + \boldsymbol{\mu})] + \\ &\quad (a-1)\ln\gamma_j - b\gamma_j = \mathcal{L}(\gamma_{-j}) + \mathcal{L}(\gamma_j)\end{aligned} \tag{4-39}$$

为后续推导方便，定义

$$\ell_j = \boldsymbol{a}_j^{\mathrm{H}} \boldsymbol{B}_{-j}^{-1} \boldsymbol{a}_j \text{，} \pi_{ij} = \boldsymbol{a}_j^{\mathrm{H}} \boldsymbol{B}_{-j}^{-1} [\boldsymbol{Y}_{\cdot i} - \boldsymbol{A}(\boldsymbol{WZ}_{\cdot i} + \boldsymbol{\mu})] \tag{4-40}$$

令式(4-39)关于变量 γ_j 的偏导数为0，得到下式：

$$\frac{\partial \mathcal{L}(\boldsymbol{\gamma})}{\partial \gamma_j} = (L + a - 1)\frac{1}{\gamma_j} - L\frac{1}{\gamma_j + \ell_j} - \frac{\sum_{i=1}^{L} \pi_{ij}^2}{(\gamma_j + \ell_j)^2} - b = 0 \tag{4-41}$$

假设 $\ell_j \gg \gamma_j$，则式(4-41)的解可表示为如下形式：

$$\gamma_j = \frac{(L + a - 1)\ell_j^2}{b\ell_j^2 + L\ell_j + \sum_{i=1}^{L} \pi_{ij}^2} \tag{4-42}$$

令$\mathcal{L}(\gamma_j)$关于 θ_j 的偏导数为0，可得

$$\frac{\partial \mathcal{L}(\gamma_j)}{\partial \theta_j} = -\frac{2L\boldsymbol{a}_j^{\mathrm{H}} \boldsymbol{B}_{-j}^{-1} \boldsymbol{a}'_j}{\gamma_j + \ell_j} + \frac{\sum_{i=1}^{L} 2\pi_{ij} [\boldsymbol{Y}_{\cdot i} - \boldsymbol{A}(\boldsymbol{WZ}_{\cdot i} + \boldsymbol{\mu})]^{\mathrm{H}} \boldsymbol{B}_{-j}^{-1} \boldsymbol{a}'_j}{\gamma_j + \ell_j} - \frac{\sum_{i=1}^{L} \pi_{ij}^2 2\boldsymbol{a}_j^{\mathrm{H}} \boldsymbol{B}_{-j}^{-1} \boldsymbol{a}'_j}{(\gamma_j + \ell_j)^2} = 0 \tag{4-43}$$

式中：$\boldsymbol{a}'_j = \partial \boldsymbol{a}_j / \partial \theta_j$。将式(4-42)代入式(4-43)，可得

$$\left\{ \sum_{i=1}^{L} \pi_{ij} [\boldsymbol{Y}_{\cdot i} - \boldsymbol{A}(\boldsymbol{WZ}_{\cdot i} + \boldsymbol{\mu})]^{\mathrm{H}} \boldsymbol{B}_{-j}^{-1} - \sum_{i=1}^{L} \frac{\pi_{ij}^2 \boldsymbol{a}_j^{\mathrm{H}} \boldsymbol{B}_{-j}^{-1}}{\boldsymbol{a}_j^{\mathrm{H}} \boldsymbol{B}_{-j}^{-1} \boldsymbol{a}_j} - L\boldsymbol{a}_j^{\mathrm{H}} \boldsymbol{B}_{-j}^{-1} \right\} \boldsymbol{a}'_j = 0 \tag{4-44}$$

由此可得到第 j 个信源的DOA的精估公式如下：

$$\hat{\theta}_j = \underset{\theta_j}{\operatorname{argmax}} \left| \operatorname{Re}\left(\left\{ \sum_{i=1}^{L} \pi_{ij} [\boldsymbol{Y}_{\cdot i} - \boldsymbol{A}(\boldsymbol{WZ}_{\cdot i} + \boldsymbol{\mu})]^{\mathrm{H}} \boldsymbol{B}_{-j}^{-1} - \sum_{i=1}^{L} \frac{\pi_{ij}^2 \boldsymbol{a}_j^{\mathrm{H}} \boldsymbol{B}_{-j}^{-1}}{\boldsymbol{a}_j^{\mathrm{H}} \boldsymbol{B}_{-j}^{-1} \boldsymbol{a}_j} - L\boldsymbol{a}_j^{\mathrm{H}} \boldsymbol{B}_{-j}^{-1} \right\} \boldsymbol{a}'_j \right) \right|^{-1} \tag{4-45}$$

在实际操作中，可在第 j 个信号谱峰θ_j内以给定精度进行搜索，使式(4-45)值最大的角度值即为DOA精估结果。上述精估过程只需要在 N 个信号谱峰内进行一维搜索即可完成。

4.4.3　算法总结及运算复杂度分析

为了方便读者理解算法的整体设计思路，笔者将算法流程总结如下：

第一步：令 $r=0$，同时设定各隐变量的初值为：$\boldsymbol{X}_{(0)}=\boldsymbol{A}^{\mathrm{H}}(\boldsymbol{A}\boldsymbol{A}^{\mathrm{H}})^{-1}\boldsymbol{Y}$，$\beta_{(0)}=ML/(0.1\times\|\boldsymbol{Y}\|_{\mathrm{F}}^{2})$，$\boldsymbol{W}_{(0)}=\mathbf{1}_{K\times M}$，$\boldsymbol{Z}_{(0)}=\mathbf{1}_{M\times L}$，$\boldsymbol{\mu}_{(0)}=\mathbf{1}_{K\times 1}$，$\boldsymbol{\alpha}_{(0)}=\mathbf{1}_{M\times 1}$，$\boldsymbol{\gamma}_{(0)}=\mathbf{1}_{K\times 1}$，其中，符号$(\cdot)_{(r)}$表示第 r 步迭代中更新的隐变量。

第二步：依据式(4-14)更新 $\boldsymbol{X}$ 的后验分布。

第三步：依据式(4-15)更新 $\boldsymbol{W}$ 的后验分布。

第四步：依据式(4-16)更新 $\boldsymbol{Z}$ 的后验分布。

第五步：依据式(4-17)更新 $\boldsymbol{\mu}$ 的后验分布。

第六步：依据式(4-18)更新 $\boldsymbol{\alpha}$ 的后验分布。

第七步：依据式(4-19)更新 β 的后验分布。

第八步：依据式(4-20)更新 $\boldsymbol{\gamma}$ 的后验分布。

第九步：检查$\boldsymbol{\gamma}_{(r)}$是否收敛，若未收敛，则令 $r=r+1$，并返回步骤二继续迭代，若收敛，则终止迭代过程。收敛准则为 $\|\boldsymbol{\gamma}_{(r)}-\boldsymbol{\gamma}_{(r-1)}\|_{2}\leqslant 10^{-4}$。

第十步：依据式(4-45)精估DOA。

这里需要指出的是，矩阵 $\boldsymbol{W}$ 的列数，即 D，表示隐变量空间的维数。显然，隐变量空间的最大维数为 $D=K-1$，其中，K 表示离散化的空域角度个数。本章所设计算法的重点在于将信号波形 $\boldsymbol{X}$ 的协方差矩阵的独立成分（以对角矩阵 $\boldsymbol{\Lambda}$ 表示）和相关成分分离开。在此设计思想指导下，矩阵 $\boldsymbol{W}$ 的列向量包含了各信源间的相关信息，而矩阵 $\boldsymbol{\Lambda}$ 的对角元素包含了各信源的功率信息。然而，在实际阵列测向问题中，阵列接收数据矩阵往往不满秩，即 M 阵元的均匀线阵可分辨的最大信源数目为$M-1$。在实际贝叶斯推断中，$K\times D$ 维的信号矩阵$\boldsymbol{X}$最多包含 M 个非零列，这些列组成的 M 维信号子空间的特征值均不为0。因此，可令 $D=M$，在保留接收信号有用信息的同时使得矩阵$\boldsymbol{W}$的结构更加紧凑，进而使得与$\boldsymbol{W}$相关的矩阵求逆运算的复杂度从$O(M^{3})$降低至$O(K^{3})$。总之，笔者于本章中设计的概率模型在保留数据集有效信息的同时使得模型参数尽可能少，降低了推断过程的复杂度。

下面分析笔者所提算法的运算复杂度。在阵列信号处理问题中，一般有如下关系式成立：$K \gg M$，即空域离散角度集的维数远大于阵列阵元数。此外，笔者再次强调下隐变量空间的维数设为 $D=M$，以及采样快拍数定为 L。此外需强调，笔者下面分析中涉及的数学运算包括复数乘法和复数加法。在单次迭代过程中：计算 $\hat{\boldsymbol{X}}$ 的运算复杂度为 $L\times[O(K^3)+O(2K^2)+O(2KM)]\approx L\times O(K^3)$；计算 $\hat{\boldsymbol{W}}$ 的运算复杂度为 $KL\times O(M^2)$；计算 $\hat{\boldsymbol{Z}}$ 的运算复杂度为 $L\times O(M^3)+L\times O(MK)$；计算 $\boldsymbol{\mu}$ 的运算复杂度为 $O(K^3)$；计算超参数 $\boldsymbol{\gamma}$，$\boldsymbol{\alpha}$ 和 β 的运算复杂度分别为 $KL\times O(M)$，$M\times O(K)$ 和 $L\times O(MK)$。因此，一次算法循环的运算复杂度为 $L\times O(K^3)+KL\times O(M^2)+L\times O(M^3)+L\times O(MK)+O(K^3)+KL\times O(M)+M\times O(K)+L\times O(MK)\approx L\times O(K^3)$。该数值与总迭代次数相乘即可得到算法的总运算复杂度。

4.5 数值仿真

在本节中，笔者给出所提算法与几种对比算法的 DOA 估计仿真结果。在下列仿真中，信源分组相关，且噪声设置为白高斯噪声。各组信号波形服从零均值复高斯分布，组内信号相关，组间信号不相关。空域超完备角度集 Θ 由对 $[-90°,90°]$ 以 1°为间隔进行采样得到。为描述方便，以 CASBL 指代所提算法，即 Correlation-Aware Sparse Bayesian Learning 的首字母缩写。

在仿真 1 中，将 4 个入射信源分为两组，即 $V=2$。第一组信源的入射方位集合为 $[-20.8°,-12.6°]$，第二组信源的入射方位集合为 $[12.3°,19.5°]$（均偏离预设格点）。第一组信源的相关系数为 $\boldsymbol{\rho}_1=[-0.0349+\mathrm{j}0.9994,-0.6490+\mathrm{j}0.2622]^{\mathrm{T}}$，第二组信源的相关系数为 $\boldsymbol{\rho}_2=[0.7092+\mathrm{j}0.5541,0.7999+\mathrm{j}0.0140]^{\mathrm{T}}$。阵列设为非均匀线阵，阵元数为 12，各阵元的空间坐标为 $[-9\lambda/2,-3\lambda,-5\lambda/2,-3\lambda/2,-\lambda,-\lambda/2,\lambda/2,\lambda,3\lambda/2,5\lambda/2,3\lambda,9\lambda/2]$，其中，$\lambda$ 表示信号波长。输入 SNR 设为 0 dB，采样快拍数设为 100。单次仿真中，CASBL 算法的归一化空间谱如图 4.1 所示，由仿真结果可知，所提算法能准确估计出各入射

信号的方位。

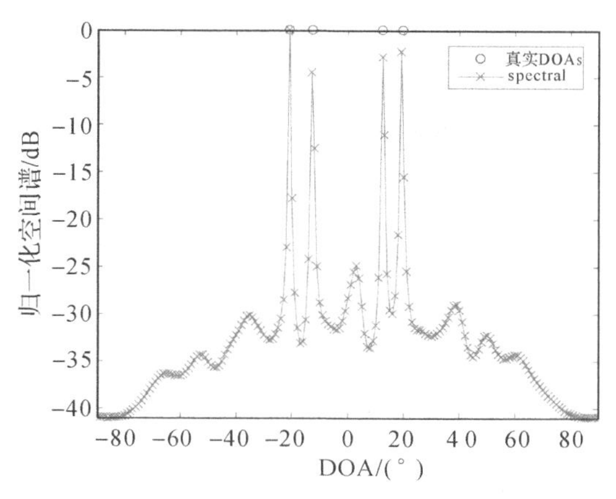

图 4.1　CASBL 算法的归一化空间谱图

下面比较各测向算法的统计性能。性能评价准则为均方根误差(Root Mean-Square Error，RMSE)，其定义为 RMSE= $\sqrt{\frac{1}{QN}\sum_{q=1}^{Q}\sum_{n=1}^{N}(\theta_n^q-\hat{\theta}_n^q)^2}$，其中，$\hat{\theta}_n^q$ 表示第 q 次迭代中 θ_n 的估计值，蒙特卡洛实验次数设为 $Q=200$。对比算法包括 MFOCUSS[28]，OGSBI[24]，cRVM [29]，L1 - SVD[13]，MODE[6] 和 SS - MUSIC[5]。仿真结果也包含文献[30]提出的 CRLB，作为各无偏估计算法的比较基准。由于块稀疏算法与无网格算法无法分辨相关信源，所以在以下仿真中未包含这些算法的测向结果。此外，由于 SS - MUSIC 算法和 MODE 算法须预知信源数目，而其他稀疏测向算法无需这一先验信息，为公平比较起见，在以下仿真中假设信源数目已知。仿真软件为 MATLAB 2015b，仿真平台为台式工作站(CPU 型号为 Intel Core 2 Duo，主频为 3.40 GHz，内存为 16 GB)，仿真环境为 Windows 7 64 bit。

下面比较上述 7 种算法的 RMSE。考虑两组相关信号，其入射角度集分别为 $[-21°+\zeta,-12°+\zeta]$ 和 $[11°+\zeta,18°+\zeta]$，其中，离格误差 ζ 是在集合 $[-0.5°,0.5°]$ 中随机选取的。设置此离格误差的目的是检验各算法的格点误差校正能力。测试阵列为 15 阵元的均匀线阵，阵元间距为半波长。图 4.2 为快拍数固定为 50 时，上述 7 种算法的 RMSE 随 SNR 变化的情况。由图示结果可知，在整个 SNR 变化区间内，笔者所提 CASBL 算法的测向精度都优于其他子空间类算法和稀疏类算法。此外，CASBL 算法的 DOA 估计精度最接近理论最优的 CRLB，且随着 SNR 升高，CASBL 算法的估计误差与 CRLB 类似，逐渐降低。该实验结果还表明，笔者所提算法能充分利用阵列的有效孔径和信号的相关先验信息。随着 SNR 升高，CASBL 算法和 MODE 算法的 RMSE 曲线逐渐重合，但是在 SNR<2 dB 时，MODE 算法的测向误差明显大于 CASBL 算法。读者还能从此仿真结果中发现，即使在高 SNR 情形下，SS - MUSIC 算法或其他稀疏测向算法的测向性能仍不尽如人意，这或是因为这些算法采用的空间平滑操作会损失阵列孔径，或是因为这些算法未考虑信源波形矩阵 $\boldsymbol{X}$ 各列间的相关性。在 SNR 固定为 0 dB 时，运行 SS - MUSIC，L1 - SVD，OGSBI，MFOCUSS，cRVM，MODE 和 CASBL 算法的平均耗时分别为 0.006 3 s，0.821 7 s，5.175 1 s，0.091 7 s，6.377 7 s，0.065 0 s 和 29.274 6 s，由此可知，CASBL 算法消耗的计算资源大于其他 6 种算法，故笔者所提 CASBL 算法在 DOA 估计精度和计算效率间做了折衷，以较高的运算复杂度换得较高的测向精度。有鉴于此，笔者将于今后的研究中发展 CASBL 的快速计算方法。

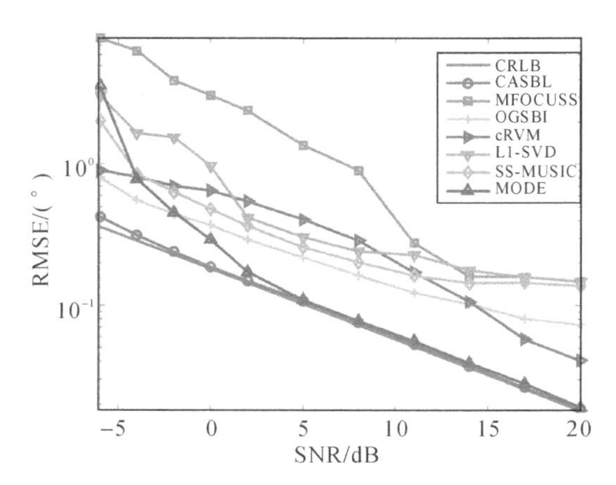

图 4.2　相关信源情形下，各算法 RMSE 随 SNR 的变化图

在仿真实验 3 中，将 SNR 固定为 0 dB，并将采样快拍数从 30 增加到 120。其余仿真参数与上一实验相同。图 4.3 为各算法的 DOA 估计 RMSE 随快拍数变化的情况。仿真结果表明，在整个快拍数变化区间，CASBL 算法的测向性能均优于其他对比算法。从仿真结果中还可得出以下结论：① 在快拍数足够多，

即 $L \geqslant 60$ 时，MODE 算法和笔者所提 CASBL 算法的 DOA 估计精度相当；②在快拍数增加到 40 时，SS－MUSIC 算法才能够成功分辨出各信源的方位，且随着快拍数的进一步增加，SS－MUSIC 算法的 DOA 估计精度逐渐逼近 OGSBI 算法；③随着快拍数增加，L1－SVD 算法和 cRVM 算法的测向性能提升幅度有限，且均劣于 SS－MUSIC 算法；④即使快拍数增加至 120，MFOCUSS 算法仍无法成功分辨各信源的方位，该算法的测向精度始终劣于 L1－SVD 算法和 cRVM 算法。

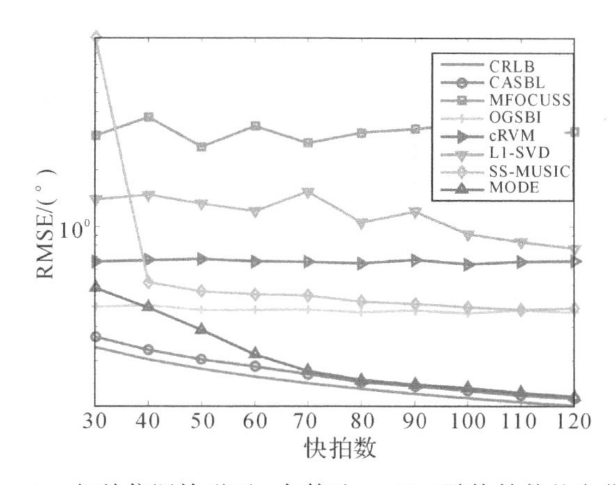

图 4.3 相关信源情形下，各算法 RMSE 随快拍数的变化图

在仿真实验 4 中，比较各算法的 DOA 估计 RMSE 随两信源角度间隔的变化情况。两相关信源的 SNR 均设为 0 dB，采样快拍数设为 50。两信源的复振幅和方位分别为 $[-0.0349+j0.9994, -0.6490+j0.2622]$ 和 $[-|\theta_2-\theta_1|/2+\zeta, |\theta_2-\theta_1|/2+\zeta]$，其中，$\zeta$ 的设定方式与前面实验保持一致。当两信号的角度间隔（即 $|\theta_2-\theta_1|$）从 5°增加到 15°时，仿真结果如图 4.4 所示。由图中所示结果可知，当两信源角度间隔较大时，MODE 算法的测向精度与笔者所提 CASBL 算法相当，且高于其他对比算法。当角度间隔大于 9°时，cRVM 算法的测向精度高于 SS－MUSIC，OGSBI 和 L1－SVD 算法，且随着角度间隔进一步增加，cRVM 算法的测向精度提高不明显。由图示仿真结果还可看出，笔者所提 CASBL 算法的测向精度最高，MFOCUSS 算法的测向精度最低。

最后，笔者检验各算法的 DOA 估计精度受信号相关系数影响的情况。假设两信源的角度间隔为 8°，相关系数的变化范围为[0,1]，快拍数固定为 50，SNR 固定为 0 dB。其余参数的设置情况与前面实验相同。仿真结果如图 4.5 所示，由图示结果可知，随着信号相关系数的增大，各算法的测向精度降低。在所有参与对比的算法中，所提算法的测向精度最高，且最接近 CRLB，其原因为：CASBL 算法充分利用了信号波形协方差矩阵的 Hermitian 结构，而其他算法并未利用这一结构信息。此外，图示结果还表明，MFOCUSS 算法的测向精度远低于其他对比算法，这一现象在前面的仿真实验中也有所体现。

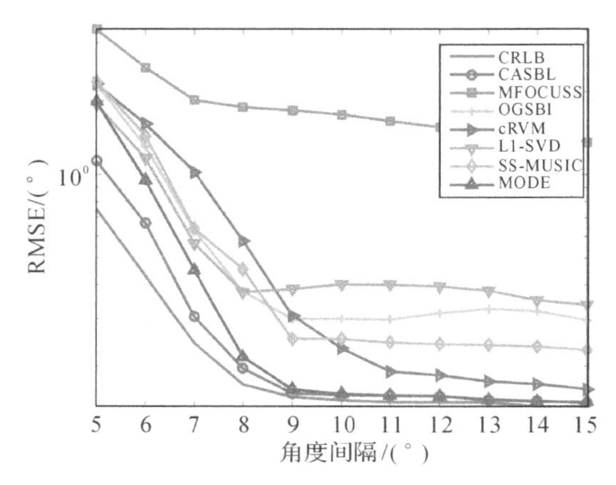

图 4.4　相关信源情形下，各算法 RMSE 随角度间隔的变化图

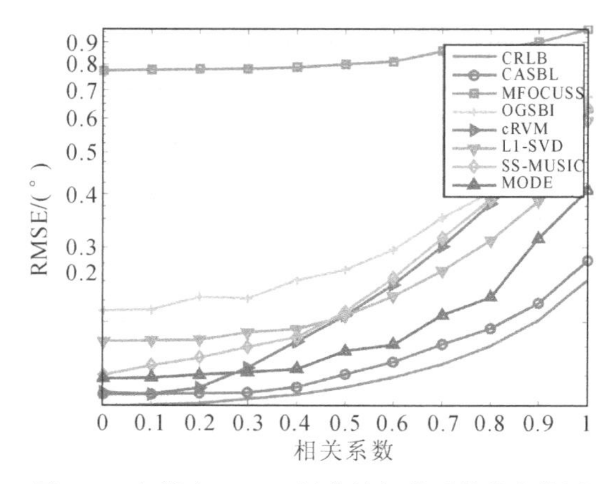

图 4.5　各算法 RMSE 随信号相关系数的变化图

4.6　本章小结

在本章中,笔者研究了相关信号的离格 DOA 估计问题。笔者考虑了稀疏信号向量中非零元素间的相关性,并针对其设计适宜先验概率模型,以得到包含信号相关信息的稀疏重构框架,因此,笔者所设计的分层贝叶斯模型同时体现了信号的相关先验和稀疏先验。笔者还利用变分贝叶斯推断准则得到各隐变量后验概率的估计公式,并通过最大化局域边缘似然函数的技术手段消除格点误差的影响。笔者所提出的 CASBL 算法无须设置复杂的用户参数,能自适应学习信号的内部结构特征。仿真结果表明,与传统算法相比,CASBL 算法在非理想信号环境(如低 SNR、小快拍数和空间邻近信号)中具有更高的测向精度。CASBL 算法的缺陷为在高维信号模型中运算复杂度较大,这也是笔者在今后的研究工作中须着力解决的问题。

4.7　本章参考文献

[1] KRIM H, VIBERG M. Two decades of array signal processing research: the parametric approach[J]. IEEE Signal Process. Mag., 1996, 13(4): 67 - 94.

[2] STOICA P, MOSES R L. Spectral analysis of signals[M]. New Jersy: Pearson/Prentice-Hall, 2005.

[3] TREES H L V. Optimum array processing: part Ⅳ of detection, estimation and modulation theory[M]. New York: Wiley Intersci., 2002.

[4] SCHMIDT R O. Multiple emitter location and signal parameter estimation[J]. IEEE Trans. Antennas Propog., 1986, 34(3): 276 - 280.

[5] PILLAI S U, KWON B H. Forward/backward spatial smoothing techniques for coherent signal identification[J]. IEEE Trans. Acoust., Speech, Signal Process., 1989, 37:8 - 15.

[6] STOICA P, SHARMAN K C. Maximum likelihood methods for direction-of-arrival estimation [J]. IEEE Trans. Acoust., Speech, Signal Process., 1990, 38(7): 1132-1143.

[7] ELAD M. Sparse and redundant representations[M]. New York: Springer-Verlag, 2010.

[8] CANDES E. Compressive sampling[C]// Proc. Int. Congr. Math. 2006: 1433-1452.

[9] DONOHO D. Compressed sensing[J]. IEEE Trans. Inf. Theory, 2006, 52(4): 1289-1306.

[10] TROPP J A, GILBERT A C. Signal recovery from random measurements via orthogonal matching pursuit[J]. IEEE Trans. Inf. Theory, 2007, 53(12): 4655-4666.

[11] XU D, HU N, YE Z, et al. The estimate for DOAs of signals using sparse recovery method[C]//Proc. IEEE Int. Conf. Acoust., Speech Signal Process. (ICASSP). 2012: 2573-2576.

[12] ZHAO G, LIU Z, LIN J, et al. Wideband DOA estimation based on sparse representation in 2-D frequency domain[J]. IEEE Sensors J., 2015, 15(1): 227-233.

[13] MALIOUTOV D, CETIN M, WILLSKY A. A sparse signal reconstruction perspective for source localization with sensor arrays[J]. IEEE Trans. Signal Process., 2005, 53(8): 3010-3022.

[14] HYDER M, MAHATA K. Direction-of-arrival estimation using a mixed $\ell_{2,0}$ norm approximation[J]. IEEE Trans. Signal Process., 2010, 58(9): 4646-4655.

[15] LEE M S, KRIM Y H. Robust ℓ_1-norm beamforming for phased array with antenna switching[J]. IEEE Commun. Lett., 2008, 12(8): 566-568.

[16] TIPPING M. Sparse Bayesian learning and the relevance vector machine [J]. J. Mach. Learn. Res., 2001, 1: 211-244.

[17] JI S, XUE Y, CARIN L. Bayesian compressive sensing[J]. IEEE Trans. Signal Process., 2008, 56(6):2346 - 2356.

[18] BABACAN S, MOLINA R, KATSAGGELOS A. Bayesian compressive sensing using Laplace priors[J]. IEEE Trans Image Process., 2010, 19(1): 53 - 63.

[19] YANG J, LIAO G, LI J. An efficient off-grid DOA estimation approach for nested array signal processing by using sparse Bayesian learning strategies[J]. Signal Process., 2016, 128: 110 - 122.

[20] ELDAR Y C, KUPPINGER P, BOLCSKEI H. Block sparse signals uncertainty relations and efficient recovery[J]. IEEE Trans. Signal Process., 2010, 58(6):3042 - 3054.

[21] ZHANG Z L, RAO B D. Extension of SBL algorithms for the recovery of block sparse signals with intra-block correlation[J]. IEEE Trans. Signal Process., 2013, 61(8):2009 - 2015.

[22] CHI Y, SCHARF L L, PEZESHKI A, et al. Sensitivity to basis mismatch in compressed sensing[J]. IEEE Trans. Signal Process., 2011, 59(5):2182 - 2195.

[23] STOICA P, BABU P. Sparse estimation of spectral lines: grid selection problems and their solutions[J]. IEEE Trans. Signal Process., 2012, 60(2):962 - 967.

[24] YANG Z, XIE L, ZHANG C. Off-grid direction of arrival estimation using sparse Bayesian inference[J]. IEEE Trans. Signal Process., 2013, 61(1):38 - 43.

[25] YANG Z, XIE L, ZHANG C. A discretization-free sparse and parametric approach for linear array signal processing[J]. IEEE Trans. Signal Process., 2014, 62(19):4959 - 4973.

[26] TZIKAS D G, LIKAS A C, GALATSANOS N P. The variational approximation for Bayesian inference[J]. IEEESignal Process. Mag., 2008, 25(6): 131 - 146.

[27] WANG B, TITTERINGTON D M. Convergence properties of a general algorithm for calculating variational Bayesian estimates for a normal mixture model[J]. Bayesian Anal., 2006, 1(3): 625 - 650.

[28] GORODNITSKY I F, RAO B D. Sparse signal reconstruction from limited data using FOCUSS: a re-weighted minimum norm algorithm[J]. IEEE Trans. Signal Process., 1997, 45(3): 600 - 616.

[29] LIU Z M, HUANG Z T, ZHOU Y Y. An efficient maximum likelihood method for direction-of-arrival estimation via sparse Bayesian learning [J]. IEEE Trans. Wireless Commun., 2012, 11(10): 1 - 11.

[30] STOICA P, LARSSON E G, GERSHMAN A B. The stochastic CRB for array processing: a textbook derivation[J]. IEEE Signal Process. Lett., 2001, 8(5): 148 - 150.

第5章 色噪声背景下相关信号的贝叶斯DOA估计算法

5.1 引 言

DOA估计是阵列信号处理的一类基本问题，已成为国内外众多学者的研究热点。麦克风阵列、雷达、声呐等系统中均已广泛应用DOA估计技术。代表性的DOA估计算法包括窄带子空间类算法[1,2]及其相应的宽带扩展形式[3-5]。显然，该类算法，典型代表如加权子空间拟合算法[6,7]、ESPRIT算法或MUSIC算法，可有效利用接收数据中信号分量的低秩特性实现超分辨测向功能。最大似然(Maximum Likelihood, ML)估计器作为另一类经典的DOA估计算法，展现出优良的统计特性，但该类算法涉及复杂优化问题的求解，运算复杂度通常较高。上述两类算法通常采用高斯白噪声模型，因此噪声协方差矩阵正比于单位阵，进而可根据接收信号协方差矩阵特征值的大小对子空间进行分离，以满足该类算法的信号处理流程。在白高斯噪声假设下，ML算法可将对数似然(Log-Likelihood, LL)函数关于噪声方差进行聚焦，以降低参数空间维度，减小运算复杂度。

然而，在声呐等实际阵列系统中，由于通道不一致等因素的影响，各阵元接收的噪声能量会出现随机起伏，此时白高斯噪声假设条件不再满足。因此，实际应用场景中的噪声通常是空域非均匀的[8-10]，可用空域相关过程[11]描述此噪声模型。自然，如何从色噪声背景中提取出信源的DOA信息成为亟待解决的问题，众多非均匀噪声模型中的DOA估计算法已为如何解决此问题提供了参考，然而，苛刻的参数选取条件严重限制了这些算法的应用范围。例如，文献[12]基于自回归噪声模型提出了一种用户参数选取相对容易的ML DOA估计算法。文献[13-15]将噪声信号建模为已知基矩阵的线性组合，以减少用户参数的数目。为便于处理未知噪声，在平稳信道的假设条件下，文献[16]提出了一种基于协方差差分准则的测向算法。为完全消除非均匀噪声，文献[17]提出了一种协方差矩阵的转换算法，但该算法的性能优劣取决于用户参数选取的好坏。若接收信号中存在一段不包含目标信号的数据，文献[18]提出了一种基于此假设条件的 ML 测向算法，然而，该算法须借助耗时的迭代优化操作以绕过子空间分离步骤。文献[19]提出一种将 LL 函数关于信号参数与噪声参数交替聚焦的算法，然而，该算法的应用前提是子阵分置以使噪声协方差矩阵满足分块对角结构特性。当色噪声的结构特征明确时，可采用预白化技术将其消除[20]。近年来，两种计算效率较高的子空间与噪声协方差矩阵估计算法已被学者提出，所得到的估计结果被作为 MUSIC 算法的输入参数以确定出信源的 DOA 信息。然而，结构化噪声假设（即噪声协方差矩阵为对角阵，且对角元素不相等）限制了上述算法的应用范围。此外，在中/低 SNR 区间，MUSIC 算法的角度分辨能力下降[21]。这也是上述算法的另一个缺陷。尽管近年来提出的基于稀疏协方差拟合的 SPICE 算法[22]能够规避均匀噪声假设条件，但该算法仍须迭代估计噪声方差。显然，上述算法的缺陷促使笔者寻求非均匀噪声背景下的高效 DOA 估计方法。

在实际多径或智能干扰环境中，接收信号在空域是相关的，而传统超分辨方法的测向性能在此信号环境中会出现严重下降，因此须针对其算法结构进行改进。文献[23]提出的空间平滑算法能够对相关信号进行解相关，以修复秩缺损的协方差矩阵，但相应地会损失阵列孔径。近年来兴起的稀疏重构技术为 DOA 估计提供了另一种可行思路，该类算法通过设计稀疏约束准则下的超完备阵列输出字典，将 DOA 估计问题转换为稀疏向量中非零元素的寻址问题，在上述非理想信号环境中展现出优越性能[24-29]。截至目前，典型的稀疏重构算法包括 L1 - SVD [25]，CV - RVM [29]，SF - RVM [30]，CMSR [27,31]，JLZA [26]等，这些算法最初是针对单测量矢量（Single Measurement Vector, SMV）情形设计的，Wipf 和 Cotter 等人随后利用联合稀疏性将这些算法推广到多测量矢量（Multiplt-Measurement-Vector, MMV）情形。理论上，对阵列输出而非协方差矩阵的重构对相干信号的高精度 DOA 估计大有益处[24-26]，然而，上述稀疏重构算法通常须设置复杂的用户参数，如正则化参数、信源数目、噪声方差等。稀疏贝叶斯学习类算法[32-34]是一类无须设置用户参数的稀疏重构算法，稀疏度、噪声方差、信源数目等参数均可在迭代优化过程中自动确定，同时该类算法所采用的统计模型可与 l_1 范数最小化准则建立自然联系。然而，入射信号间的相关性会使 SBL 类算法所采用的统计模型失效[35]，进而得到不可靠的 DOA 估计结果。

笔者在本章中主要关注如何在空域色噪声环境中，将贝叶斯稀疏重构技术应用到阵列DOA估计问题中。在相关信源的假设条件下，信号服从多变量的复高斯分布，其协方差矩阵各元素未知。此外，阵列接收噪声假设服从零均值多变量高斯分布，其协方差矩阵各元素也是未知的。由上述假设条件可推导出高斯似然函数，笔者据此提出一种高分辨测向算法，该算法具有比传统算法更高的角度分辨率以及对噪声、小快拍、相关信源更强的适应性。通过将LL函数在空域进行一维搜索，所提算法即可根据谱峰位置确定信源入射方位，因此运算复杂度较传统ML算法大大降低。所提算法是基于标准SBL框架设计出的，因此信号与噪声参数可进行自适应估计。与传统SBL类DOA估计算法对稀疏信号系数施加的高斯先验不同，所提算法对该系数施以混合高斯先验，以同时将稀疏与结构先验融入概率模型。笔者还针对其他未知参数，如离格误差、噪声协方差矩阵中各元素，设计相应的先验分布。基于上述先验模型，笔者利用变分推断准则推导各未知参数的迭代估计公式。最后，笔者将所提窄带DOA估计算法推广到宽带信号环境中。

本章内容安排如下：5.2节介绍阵列信号模型与假设条件。5.3节建立概率图模型，并利用变分推断准则给出此模型中各隐变量的更新公式。5.4节将所提窄带DOA估计算法推广到宽带信号环境中。5.5节利用仿真与实测数据验证所提算法的有效性。5.6节总结全章内容。

5.2 问题构建

5.2.1 信号模型

假设L ($L<M$)个远场窄带信源入射到M阵元的ULA上，则第t个观测快拍对应的接收信号向量可表示为

$$\boldsymbol{y}(t)=\boldsymbol{A}(\boldsymbol{\theta})\boldsymbol{x}(t)+\boldsymbol{e}(t),\ t=1,\cdots,N \tag{5-1}$$

式中：$\boldsymbol{\theta}=[\theta_1,\cdots,\theta_L]^{\mathrm{T}}$表示由所有入射信号的DOA组成的向量，即第$i$个信源的入射方位为$\theta_l$；$\boldsymbol{x}(t)=[x_1(t),\cdots,x_L(t)]^{\mathrm{T}}$表示第$t$个快拍的信号波形向量；$M\times1$维向量$\boldsymbol{e}(t)$表示接收机中的噪声；$N$表示快拍数；$M\times L$维矩阵$\boldsymbol{A}(\boldsymbol{\theta})=[\boldsymbol{a}(\theta_1),\cdots,\boldsymbol{a}(\theta_L)]$表示由导向矢量组成的阵列流形矩阵。为便于符号表示，后文中将$\boldsymbol{A}(\boldsymbol{\theta})$简写为$\boldsymbol{A}$。$\boldsymbol{a}(\theta_l)$表示第$l$个信号的导向矢量，其表达式为

$$\boldsymbol{a}(\theta_l)=[\mathrm{e}^{-\mathrm{j}2\pi d_1\sin\theta_l/\lambda},\cdots,\mathrm{e}^{-\mathrm{j}2\pi d_M\sin\theta_l/\lambda}]^{\mathrm{T}} \tag{5-2}$$

式中：λ表示信号波长；$d_1,\cdots,d_M$分别表示M个阵元与参考点之间的距离，参

考点设为首阵元，故 $d_1=0$。

式(5-1)可被等价表示为如下简洁形式：

$$\boldsymbol{Y}=\boldsymbol{A}\boldsymbol{X}+\boldsymbol{E} \tag{5-3}$$

式中：$\boldsymbol{Y}=[\boldsymbol{y}(1),\cdots,\boldsymbol{y}(N)]$；$\boldsymbol{X}$ 和 $\boldsymbol{E}$ 的定义方式类似。因此，阵列信号处理的目标为从阵列观测数据 $\boldsymbol{Y}$ 中提取出未知 DOA 向量 $\boldsymbol{\theta}$ 的信息，以及估计如下映射关系：$\boldsymbol{\theta}\rightarrow\boldsymbol{A}$。

5.2.2 假设条件

为了便于分析上述信号模型对应的 DOA 估计问题，现引入一些假设条件。假设各信号波形相关，不同快拍中的 L 维的信号波形向量 $\boldsymbol{x}(t)$，$t\in\{1,\cdots,N\}$ 是相互独立的，且 $\boldsymbol{x}(t)$ 服从零均值、圆对称的复高斯分布，如下式所示，且该分布的协方差矩阵$\boldsymbol{R}_x=E[\boldsymbol{x}(t)\boldsymbol{x}^{\mathrm{H}}(t)]$是奇异的：

$$p(\boldsymbol{X}\mid\boldsymbol{R}_x)=\prod_{t=1}^{N}p(\boldsymbol{x}(t)\mid\boldsymbol{R}_x)=\prod_{t=1}^{N}\mathcal{CN}(\boldsymbol{x}(t)\mid\boldsymbol{0},\boldsymbol{R}_x) \tag{5-4}$$

式中：矩阵$\boldsymbol{R}_x$ 的对角元素表示信号功率，因此$\{[\boldsymbol{R}_x]_{ll}\}\geqslant 0$，$\forall\, 1\leqslant l\leqslant L$。

假设不同快拍中的噪声向量 $\boldsymbol{e}(t)$ 互不相关。复信号波形向量 $\boldsymbol{x}(t)$ 也假设与 $\boldsymbol{e}(t)$ 不相关。$\boldsymbol{e}(t)$ 服从广义平稳、零均值的复高斯分布，其协方差矩阵 $\boldsymbol{Q}\triangleq E[\boldsymbol{e}(t)\boldsymbol{e}^{\mathrm{H}}(t)]$通常是未知的。阵元接收噪声的空域非均匀性假设使得噪声协方差矩阵由 $M^2\times 1$ 维的实值参数向量所刻画，该向量中各元素为$\{[\boldsymbol{Q}]_{mm}\}$，$\{\mathrm{Re}[\boldsymbol{Q}]_{mn},\mathrm{Im}[\boldsymbol{Q}]_{mn};m>n\}$，其中，$1\leqslant n\leqslant M$，$1\leqslant m\leqslant M$。特殊情况下，若 $\boldsymbol{Q}$ 是对角矩阵，即 $\boldsymbol{Q}=\sigma^2\boldsymbol{I}$，其中 σ^2 表示噪声方差，则上述色噪声模型退化为各向同性的白噪声模型。若不对 $\boldsymbol{Q}$ 的数学表达式施加任何约束条件，则该矩阵可包含任意干扰与背景噪声信息。综上所述，可将$\{\boldsymbol{y}(t)\}$的协方差矩阵表示为

$$\boldsymbol{R}=E[\boldsymbol{y}(t)\boldsymbol{y}^{\mathrm{H}}(t)]=\boldsymbol{A}\boldsymbol{R}_x\boldsymbol{A}^{\mathrm{H}}+\boldsymbol{Q} \tag{5-5}$$

因为各入射信源是相关的，所以阵列输出的协方差矩阵（即 $\boldsymbol{R}$）包含一个秩亏损的信号子空间。

由于采样快拍数实际是有限的，所以阵列协方差矩阵通常可由 N 快拍的采样协方差矩阵近似：

$$\hat{\boldsymbol{R}}=\frac{1}{N}\boldsymbol{Y}\boldsymbol{Y}^{\mathrm{H}}=\frac{1}{N}\sum_{t=1}^{N}\boldsymbol{y}(t)\boldsymbol{y}^{\mathrm{H}}(t) \tag{5-6}$$

下面，笔者须在噪声协方差矩阵 $\boldsymbol{Q}$ 与信号协方差矩阵$\boldsymbol{R}_x$ 未知的情形下，从采样协方差矩阵 $\hat{\boldsymbol{R}}$ 中估计出 DOA 集合$\{\theta_1,\cdots,\theta_L\}$。

5.3 基于稀疏贝叶斯学习的 DOA 估计算法

5.3.1 算法描述

本小节首先回顾稀疏重构框架下的离格 DOA 估计模型，然后提出一种高效的贝叶斯 DOA 估计算法，以求在色噪声背景下准确分辨出相关信号的方位。算法推导如下。

基于稀疏重构准则[36-38]，式(5-3)中的 N 个向量 $\{\boldsymbol{y}(n)\}_{n=1}^{N}$ 可被改写为如下的含噪稀疏模型：

$$\boldsymbol{Y}=\boldsymbol{\Phi}(\boldsymbol{\delta})\overline{\boldsymbol{X}}+\boldsymbol{E} \tag{5-7}$$

笔者在这里将所有可能的信号入射空域进行离散化采样，以得到超完备方位字典 $\overline{\boldsymbol{\theta}}=\{\overline{\theta}_1,\cdots,\overline{\theta}_D\}$，其中，网格间距 $\Delta\theta=\overline{\theta}_2-\overline{\theta}_1$ 的设置通常应考虑实际需求，一般应使得 $D\gg L$。依 $\boldsymbol{\theta}$ 到 $\overline{\boldsymbol{\theta}}$ 的映射关系，将 $\boldsymbol{X}$ 进行补零扩展，得到 $\overline{\boldsymbol{X}}$。空域离散化必然会导致式(5-3)与式(5-7)间的模型失配现象的产生，文献[39]针对此问题提出一种利用一阶泰勒展开式来近似表示离格误差的方法，即若 $\theta_i\notin\overline{\boldsymbol{\theta}}$，$\forall i\in\{1,\cdots,L\}$，$\overline{\theta}_{d_i}$，$d_i\in\{1,\cdots,D\}$ 是离 θ_i 最近的格点，则导向矢量 $\boldsymbol{a}(\theta_i)$ 可由如下公式进行线性近似：$\boldsymbol{a}(\theta_i)\approx\boldsymbol{a}(\overline{\theta}_{d_i})+\boldsymbol{b}(\overline{\theta}_{d_i})(\theta_i-\overline{\theta}_{d_i})$，其中，$\boldsymbol{b}(\overline{\theta}_{d_i})$ 表示 $\boldsymbol{a}(\overline{\theta}_{d_i})$ 的一阶导。笔者然后定义 $\boldsymbol{\Phi}(\boldsymbol{\delta})=\overline{\boldsymbol{A}}+\overline{\boldsymbol{B}}\mathrm{diag}(\boldsymbol{\delta})$，其中，$\overline{\boldsymbol{A}}=[\boldsymbol{a}(\overline{\theta}_1),\cdots,\boldsymbol{a}(\overline{\theta}_D)]$，$\overline{\boldsymbol{B}}=[\boldsymbol{b}(\overline{\theta}_1),\cdots,\boldsymbol{b}(\overline{\theta}_D)]$，$\boldsymbol{\delta}$ 是一个除了第 d_i 个元素 $[\boldsymbol{\delta}]_{d_i}=\theta_i-\overline{\theta}_{d_i}$，$\forall i=1,\cdots,L$ 外，其余元素全为 0 的向量。观察式(5-7)可知，若将偏差 $\boldsymbol{\delta}$ 添加到 $\overline{\boldsymbol{X}}$ 的行支撑基中，则可从观测数据 $\boldsymbol{Y}$ 中同时估计 $\boldsymbol{\delta}$ 和行稀疏矩阵 $\overline{\boldsymbol{X}}$。下文为便于符号表示，将 $\boldsymbol{\Phi}(\boldsymbol{\delta})$ 简写为 $\boldsymbol{\Phi}$。

若要在贝叶斯框架内建立式(5-7)的概率模型，则须定义所有观测变量与隐变量的联合概率分布。下面详述概率建模过程。

首先，笔者假设条件分布 $p(\boldsymbol{Y}|\boldsymbol{X})$ 是复高斯分布，其噪声精度矩阵 $\boldsymbol{\Psi}$ 未知。在上述假设下，$\boldsymbol{y}(n)$ 和 $\overline{\boldsymbol{x}}(n)$ 的联合概率分布可通过下式计算：

$$p(\boldsymbol{Y} \mid \overline{\boldsymbol{X}}, \boldsymbol{\Psi}) = \prod_{n=1}^{N} p(\boldsymbol{y}(n) \mid \overline{\boldsymbol{x}}(n), \boldsymbol{\Psi})$$
$$= \prod_{n=1}^{N} \pi^{-M} \mid \boldsymbol{\Psi} \mid \exp\{-[\boldsymbol{y}(n) - \boldsymbol{\Phi}\overline{\boldsymbol{x}}(n)]^{\mathrm{H}} \boldsymbol{\Psi} [\boldsymbol{y}(n) - \boldsymbol{\Phi}\overline{\boldsymbol{x}}(n)]\} \tag{5-8}$$

式中：$\boldsymbol{\Psi}$ 的共轭先验为 Wishart 分布：

$$p(\boldsymbol{\Psi}) = \mathscr{W}(\boldsymbol{\Psi} \mid \boldsymbol{W}, \upsilon) = \frac{\mid \boldsymbol{\Psi} \mid^{\upsilon - M} \exp[\mathrm{tr}(-\boldsymbol{W}^{-1}\boldsymbol{\Psi})]}{\pi^{M(M-1)/2} \mid \boldsymbol{W} \mid^{\upsilon} \prod_{i=1}^{M} \Gamma(\upsilon - M + i)} \tag{5-9}$$

式中：$M \times M$ 维矩阵 $\boldsymbol{W}$ 表示尺度矩阵；υ 表示该分布的自由度；$\Gamma(\cdot)$ 表示伽马函数。

其次，遵循贝叶斯准则，设计先验分布描述 $\overline{\boldsymbol{X}}$ 中各行向量的方差的统计特性，所设计的先验分布应能使得 $\overline{\boldsymbol{X}}$ 的后验分布的大部分“质量”集中于有限区域，以体现重构结果的稀疏性。众所周知，混合高斯分布作为一种通用概率模型，可用来描述大多数常用概率分布，因此笔者选用此概率模型作为先验分布，以使得其对应的边缘分布能够包含各种常见的概率密度函数。在采用上述广义化概率建模方法后，笔者即可准确定义相关信源的协方差矩阵（该矩阵包含较多的非零非对角元素）的统计特性。

为便于描述混合高斯分布，须引入隐变量模型。以矩阵 $\overline{\boldsymbol{X}}$ 的第 n 列为例，一个二值向量 $\boldsymbol{z}_n$，其组成元素为 $z_{nk}(k=1,\cdots,K)$，被用来标示该列中所含的隐变量。如前所述，笔者以 $\boldsymbol{Z} = \{\boldsymbol{z}_1, \cdots, \boldsymbol{z}_N\}$ 表示隐变量集合，其条件分布可借助混合系数 $\boldsymbol{\pi}$ 得以表征：

$$p(\boldsymbol{Z} \mid \boldsymbol{\pi}) = \prod_{n=1}^{N} \prod_{k=1}^{K} \pi_k^{z_{nk}} \tag{5-10}$$

同理，在给定隐变量与超参数后，稀疏系数向量 $\{\overline{\boldsymbol{x}}(1), \cdots, \overline{\boldsymbol{x}}(N)\}$ 的条件分布可被表示为

$$p(\overline{\boldsymbol{X}} \mid \boldsymbol{Z}, \boldsymbol{\mu}, \boldsymbol{\Lambda}) = \prod_{n=1}^{N} \prod_{k=1}^{K} \mathcal{CN}(\overline{\boldsymbol{x}}(n) \mid \boldsymbol{\mu}_k, \boldsymbol{\Lambda}_k^{-1})^{z_{nk}} \tag{5-11}$$

其中：$\boldsymbol{\mu} = \{\boldsymbol{\mu}_k\}$，$\boldsymbol{\Lambda} = \{\boldsymbol{\Lambda}_k\}$。在对参数 $\boldsymbol{\mu}$，$\boldsymbol{\Lambda}$ 和 $\boldsymbol{\pi}$ 设置共轭先验后，便可推导出其更新公式。混合系数 $\boldsymbol{\pi}$ 的共轭先验为狄利克雷分布：

$$p(\boldsymbol{\pi}) = \mathrm{Dir}(\boldsymbol{\pi} \mid \boldsymbol{\alpha}_0) = C(\boldsymbol{\alpha}_0) \prod_{k=1}^{K} \pi_k^{\alpha_0 - 1} \tag{5-12}$$

式中：$C(\boldsymbol{\alpha}_0) = \Gamma(K\alpha_0)/[\Gamma(\alpha_0)]^K$ 表示正则化常数，并且若各分量共用一相同参数 α_0，则可大大简化后续推断过程。当 α_0 较小时，由观测数据决定后验分布

的形式。笔者进一步引入独立的高斯-伽马先验以利于推断各高斯“成分”的统计矩，即

$$
\begin{aligned}
p(\boldsymbol{\mu},\boldsymbol{\Lambda}) &= p(\boldsymbol{\mu} \mid \boldsymbol{\Lambda})p(\boldsymbol{\Lambda}) \\
&= \prod_{k=1}^{K} \mathcal{CN}(\boldsymbol{\mu}_k \mid \boldsymbol{m}_0,(\beta_0\boldsymbol{\Lambda}_k)^{-1})\,\mathrm{Gamma}(\boldsymbol{\eta}_k \mid \boldsymbol{a}_k,\boldsymbol{b}_k) \\
&= \prod_{k=1}^{K} \mathcal{CN}(\boldsymbol{\mu}_k \mid \boldsymbol{m}_0,(\beta_0\boldsymbol{\Lambda}_k)^{-1}) \prod_{i=1}^{D} \frac{1}{\Gamma(a_{ki})} b_{ki}^{a_{ki}} (\eta_{ki})^{a_{ki}-1} \exp(-b_{ki}\eta_{ki})
\end{aligned}
\tag{5-13}
$$

其中，$\boldsymbol{\Lambda}_k=\mathrm{diag}(\boldsymbol{\eta}_k)$，$\boldsymbol{a}_k\in\mathbf{R}_+^D$，$\boldsymbol{b}_k\in\mathbf{R}_+^D$，且考虑到对称性，令$\boldsymbol{m}_0=0$。需注意，式(5-13)所示的分层先验分布中，均值向量与噪声精度均未知。联立式(5-8)～式(5-13)，可得到如下联合分布：$p(\boldsymbol{Y},\overline{\boldsymbol{X}},\boldsymbol{Z},\boldsymbol{\pi},\boldsymbol{\mu},\boldsymbol{\Lambda},\boldsymbol{\Psi})=p(\boldsymbol{Y}|\overline{\boldsymbol{X}},\boldsymbol{\Psi})p(\overline{\boldsymbol{X}}|\boldsymbol{Z},\boldsymbol{\mu},\boldsymbol{\Lambda})p(\boldsymbol{Z}|\boldsymbol{\pi})p(\boldsymbol{\pi})p(\boldsymbol{\mu}|\boldsymbol{\Lambda})p(\boldsymbol{\Lambda})p(\boldsymbol{\Psi})$，此联合概率模型中，各变量间的依赖关系如图5.1所示，其中箭头被用来标示此为生成模型。由于$\boldsymbol{\Lambda}$的取值会影响式(5-13)中$\boldsymbol{\mu}$的方差，所以图5.1中$\boldsymbol{\Lambda}$和$\boldsymbol{\mu}$之间用箭头连接。

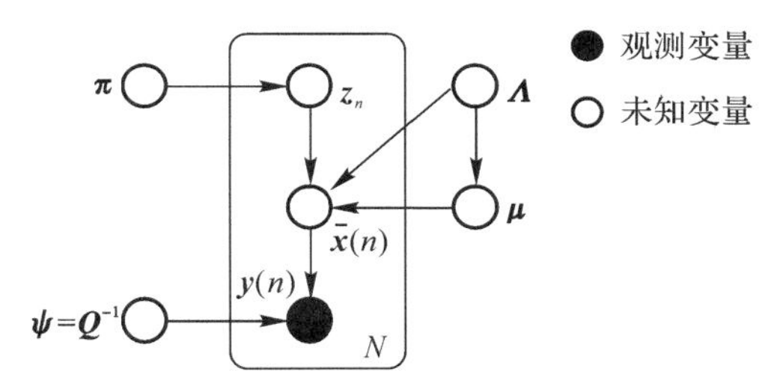

图5.1 所提稀疏贝叶斯框架的概率图模型

所建概率图模型中的未知变量被聚集在集合$\boldsymbol{\Theta}=\{\boldsymbol{\Psi},\boldsymbol{\pi},\{\boldsymbol{z}_n,\overline{\boldsymbol{x}}\{n\}\}_{n=1,\cdots,N},\{\boldsymbol{\mu}_k,\boldsymbol{\Lambda}_k\}_{k=1,\cdots,K}\}$中。由于在计算边缘分布$p(\{\boldsymbol{y}(n)\}_{n=1,\cdots,N})$的过程中涉及复杂的多维积分，所以后验分布$p(\boldsymbol{\Theta}|\{\boldsymbol{y}(n)\}_{n=1,\cdots,N})$的闭式解通常不易求得。笔者采用变分贝叶斯推断准则[40]来近似隐变量的后验分布。基于图5.1所示图模型，可通过最小化真实后验$p(\boldsymbol{\Theta}|\boldsymbol{Y})$与近似后验$q(\boldsymbol{\Theta})$之间的KL散度求得$p(\boldsymbol{\Theta}|\boldsymbol{Y})$，在此过程中，$q(\boldsymbol{\Theta})$应分解为如下形式：

$$
q(\boldsymbol{\Theta})=q(\overline{\boldsymbol{X}})q(\boldsymbol{\Psi})q(\boldsymbol{Z})q(\boldsymbol{\pi},\boldsymbol{\mu},\boldsymbol{\Lambda}) \tag{5-14}
$$

对于式(5-14)中的任一因子$\Theta_k\in\boldsymbol{\Theta}$，其最优分布$q(\Theta_k)$可表示为

$$
\ln q^*(\Theta_k)=\langle \ln p(\boldsymbol{Y},\boldsymbol{\Theta})\rangle_{q(\boldsymbol{\Theta}\backslash\Theta_k)}+\mathrm{const} \tag{5-15}
$$

式中：$\boldsymbol{\Theta}\backslash\Theta_k$表示从集合$\boldsymbol{\Theta}$中删除掉变量$\Theta_k$；$\langle\cdot\rangle_{q(\boldsymbol{\Theta}\backslash\Theta_k)}$表示求关于近似后验$q(\boldsymbol{\Theta}\backslash\Theta_k)$的数学期望。基于上述先验信息，可利用式(5-15)更新隐变量，具体

推导过程如下。

最优因子的对数形式可依下式更新：

$$\begin{aligned}\ln q^*(\boldsymbol{Z}) &= \langle \ln p(\overline{\boldsymbol{X}} \mid \boldsymbol{Z},\boldsymbol{\mu},\boldsymbol{\Lambda})\rangle_{q(\overline{\boldsymbol{X}})q(\boldsymbol{\mu},\boldsymbol{\Lambda})} + \langle \ln p(\boldsymbol{Z} \mid \boldsymbol{\pi})\rangle_{q(\boldsymbol{\pi})} + \text{const} \\ &= \sum_{n=1}^{N}\sum_{k=1}^{K} z_{nk}\ln\rho_{nk} + \text{const}\end{aligned} \tag{5-16}$$

式中：正则化常数项与 $\boldsymbol{Z}$ 无关，$\ln\rho_{nk}$ 由下式定义：

$$\ln\rho_{nk} = -D\ln\pi + \langle \ln|\boldsymbol{\Lambda}_k|\rangle - \langle (\overline{\boldsymbol{x}}(n)-\boldsymbol{\mu}_k)^{\mathrm{H}}\boldsymbol{\Lambda}_k(\overline{\boldsymbol{x}}(n)-\boldsymbol{\mu}_k)\rangle + \langle \ln\pi_k\rangle \tag{5-17}$$

对式(5－16)等式两端取指数，并对结果正则化，可得

$$q^*(\boldsymbol{Z}) = \prod_{n=1}^{N}\prod_{k=1}^{K} r_{nk}^{z_{nk}} \tag{5-18}$$

式中：$r_{nk} = \rho_{nk}/\sum_{j=1}^{K}\rho_{nj}$。显然，求得的后验分布 $q(\boldsymbol{Z})$ 与先验分布 $p(\boldsymbol{Z} \mid \boldsymbol{\pi})$ 具有相同的函数形式。

从最优分布 $q^*(\boldsymbol{Z})$ 的定义即可推导出 $\langle z_{nk}\rangle = r_{nk}$，计算 $q^*(\boldsymbol{Z})$ 的具体表达式须用到行稀疏矩阵 $\overline{\boldsymbol{X}}$ 的如下统计期望：

$$N_k = \sum_{n=1}^{N} r_{nk} \tag{5-19}$$

$$\boldsymbol{x}_k = \frac{1}{N_k}\sum_{n=1}^{N} r_{nk}\boldsymbol{\mu}_{\overline{x}(n)} \tag{5-20}$$

$$\boldsymbol{S}_k = \frac{1}{N_k}\sum_{n=1}^{N} r_{nk}(\boldsymbol{\mu}_{\overline{x}(n)}-\boldsymbol{x}_k)(\boldsymbol{\mu}_{\overline{x}(n)}-\boldsymbol{x}_k)^{\mathrm{H}} \tag{5-21}$$

式中：$\boldsymbol{\mu}_{\overline{x}(n)}$ 是 $\overline{\boldsymbol{x}}(n)$ 关于分布 $q(\overline{\boldsymbol{x}}(n))$ 的期望。

再次，应用式(5－15)即可得到因子 $q(\boldsymbol{\pi},\boldsymbol{\mu},\boldsymbol{\Lambda})$ 的对数形式：

$$\begin{aligned}\ln q^*(\boldsymbol{\pi},\boldsymbol{\mu},\boldsymbol{\Lambda}) = \sum_{n=1}^{N}\sum_{k=1}^{K} r_{nk}\langle \ln \mathcal{CN}(\overline{\boldsymbol{x}}(n) \mid \boldsymbol{\mu}_k,\boldsymbol{\Lambda}_k^{-1})\rangle_{q(\overline{\boldsymbol{X}})} + \sum_{n=1}^{N}\sum_{k=1}^{K} r_{nk}\ln\pi_k + \\ \ln p(\boldsymbol{\pi}) + \sum_{k=1}^{K}\ln p(\boldsymbol{\mu}_k,\boldsymbol{\Lambda}_k) + \text{const}\end{aligned} \tag{5-22}$$

提取出式(5－22)右边与 $\boldsymbol{\pi}$ 有关的项，可得

$$\ln q^*(\boldsymbol{\pi}) = \sum_{n=1}^{N}\sum_{k=1}^{K} r_{nk}\ln\pi_k + (\alpha_0 - 1)\sum_{k=1}^{K}\ln\pi_k + \text{const} \tag{5-23}$$

对式(5－23)两边取指数，可知 $q^*(\boldsymbol{\pi})$ 服从狄利克雷分布：

$$q^*(\boldsymbol{\pi}) = \mathrm{Dir}(\boldsymbol{\pi} \mid \boldsymbol{\alpha}) \tag{5-24}$$

其中，$\boldsymbol{\alpha}$ 中各元素可被表示为 $\alpha_k=\alpha_0+N_k$。利用乘法准则可将变分后验分布 $q^*(\boldsymbol{\mu}_k,\boldsymbol{\Lambda}_k)$ 进一步写成如下形式：$q^*(\boldsymbol{\mu}_k,\boldsymbol{\Lambda}_k)=q^*(\boldsymbol{\mu}_k|\boldsymbol{\Lambda}_k)q^*(\boldsymbol{\Lambda}_k)$。将式(5-22)中与 $\boldsymbol{\mu}_k$ 和 $\boldsymbol{\Lambda}_k$ 有关的项分离出来，即可确定出 $q^*(\boldsymbol{\mu}_k,\boldsymbol{\Lambda}_k)$ 中的各因子。在附录 A 中，笔者推导出了 $q^*(\boldsymbol{\mu}_k,\boldsymbol{\Lambda}_k)$ 的具体形式，其为一高斯-伽马分布：

$$q^*(\boldsymbol{\mu}_k,\boldsymbol{\Lambda}_k)=\mathcal{CN}(\boldsymbol{\mu}_k|\boldsymbol{m}_k,(\beta_k\boldsymbol{\Lambda}_k)^{-1})\prod_{i=1}^{D}\text{Gamma}(\eta_{ki}|\tilde{a}_{ki},\tilde{b}_{ki}) \tag{5-25}$$

其中

$$\beta_k=\beta_0+N_k \tag{5-26}$$

$$\boldsymbol{m}_k=\frac{1}{\beta_k}[N_k\boldsymbol{x}_k+\beta_0\boldsymbol{m}_0] \tag{5-27}$$

$$\tilde{a}_{ki}=a_{ki}+N_k \tag{5-28}$$

$$\tilde{b}_{ki}=b_{ki}+\left[N_k\boldsymbol{S}_k+\frac{\beta_0N_k}{\beta_0+N_k}(\boldsymbol{x}_k-\boldsymbol{m}_0)(\boldsymbol{x}_k-\boldsymbol{m}_0)^{\mathrm{H}}\right]_{ii}+\sum_{n=1}^{N}r_{nk}(\boldsymbol{\Sigma}_{\bar{\boldsymbol{x}}(n)})_{ii} \tag{5-29}$$

$\boldsymbol{\Sigma}_{\bar{\boldsymbol{x}}(n)}$ 的表达式随后给出。至于模型参数，只有在估计得到 r_{nk} 后，它们的变分后验分布才可进行相应的更新，具体更新方式为对式(5-17)中的 ρ_{nk} 进行正则化，并注意：

$$\begin{aligned}&\langle(\bar{\boldsymbol{x}}(n)-\boldsymbol{\mu}_k)^{\mathrm{H}}\boldsymbol{\Lambda}_k(\bar{\boldsymbol{x}}(n)-\boldsymbol{\mu}_k)\rangle_{q(\bar{\boldsymbol{X}})q(\boldsymbol{\mu},\boldsymbol{\Lambda})}\\&=\mathrm{Tr}[(\boldsymbol{\mu}_{\bar{\boldsymbol{x}}(n)}-\boldsymbol{m}_k)(\boldsymbol{\mu}_{\bar{\boldsymbol{x}}(n)}-\boldsymbol{m}_k)^{\mathrm{H}}\langle\boldsymbol{\Lambda}_k\rangle]+D\beta_k^{-1}+\mathrm{Tr}(\boldsymbol{\Sigma}_{\bar{\boldsymbol{x}}(n)}\langle\boldsymbol{\Lambda}_k\rangle)\end{aligned} \tag{5-30}$$

$$\langle\ln|\boldsymbol{\Lambda}_k|\rangle=\sum_{i=1}^{D}\psi(\tilde{a}_{ki})-\sum_{i=1}^{D}\ln(\tilde{b}_{ki})=\ln\boldsymbol{\Lambda}_k \tag{5-31}$$

$$\langle\ln\pi_k\rangle=\psi(\alpha_k)-\psi(\hat{\alpha})=\ln\pi_k \tag{5-32}$$

式中：定义 $\boldsymbol{\Lambda}_k$ 和 π_k 是为了简化运算结果，表示 digamma 函数，其定义式为 $\psi(a)=\dfrac{\mathrm{d}}{\mathrm{d}a}\ln\Gamma(a)$。

$\bar{\boldsymbol{X}}$ 的后验分布的变分更新公式可采用类似方式推导得到。在忽略与 $\bar{\boldsymbol{X}}$ 无关的项后，得到

$$\begin{aligned}\ln q^*(\bar{\boldsymbol{X}})&=\langle\ln p(\boldsymbol{Y}|\bar{\boldsymbol{X}},\boldsymbol{\Psi})\rangle_{q(\boldsymbol{\Psi})}+\langle\ln p(\bar{\boldsymbol{X}}|\boldsymbol{Z},\boldsymbol{\mu},\boldsymbol{\Lambda})\rangle_{q(\boldsymbol{Z})q(\boldsymbol{\mu},\boldsymbol{\Lambda})}+\text{const}\\&=-\sum_{n=1}^{N}\bar{\boldsymbol{x}}^{\mathrm{H}}(n)\left[\boldsymbol{\Phi}^{\mathrm{H}}\langle\boldsymbol{\Psi}\rangle\boldsymbol{\Phi}+\sum_{k=1}^{K}\langle z_{nk}\rangle\langle\boldsymbol{\Lambda}_k\rangle\right]\bar{\boldsymbol{x}}(n)+\\&\quad\sum_{n=1}^{N}2\bar{\boldsymbol{x}}^{\mathrm{H}}(n)\left[\boldsymbol{\Phi}^{\mathrm{H}}\langle\boldsymbol{\Psi}\rangle\boldsymbol{y}(n)+\sum_{k=1}^{K}\langle z_{nk}\rangle\langle\boldsymbol{\Lambda}_k\boldsymbol{\mu}_k\rangle\right]+\text{const}\end{aligned} \tag{5-33}$$

由式(5－33)中的二次项,可知 $q^*(\overline{\boldsymbol{X}})$ 服从如下高斯分布:

$$q^*(\overline{\boldsymbol{X}})=\prod_{n=1}^{N}\mathcal{CN}(\overline{\boldsymbol{x}}(n)\mid\boldsymbol{\mu}_{\overline{x}(n)},\boldsymbol{\Sigma}_{\overline{x}(n)})\tag{5-34}$$

式中

$$\boldsymbol{\Sigma}_{\overline{x}(n)}=\left[\boldsymbol{\Phi}^{\mathrm{H}}\langle\boldsymbol{\Psi}\rangle\boldsymbol{\Phi}+\sum_{k=1}^{K}r_{nk}\langle\boldsymbol{\Lambda}_k\rangle\right]^{-1}\tag{5-35}$$

$$\boldsymbol{\mu}_{\overline{x}(n)}=\boldsymbol{\Sigma}_{\overline{x}(n)}\left[\boldsymbol{\Phi}^{\mathrm{H}}\langle\boldsymbol{\Psi}\rangle\boldsymbol{y}(n)+\sum_{k=1}^{K}r_{nk}\langle\boldsymbol{\Lambda}_k\boldsymbol{\mu}_k\rangle\right]\tag{5-36}$$

因子 $q(\boldsymbol{\Psi})$ 的最优对数后验分布可根据下式计算:

$$\begin{aligned}\ln q^*(\boldsymbol{\Psi})=&\langle\ln p(\boldsymbol{Y}\mid\overline{\boldsymbol{X}},\boldsymbol{\Psi})\rangle_{q(\overline{\boldsymbol{X}})}+\ln p(\boldsymbol{\Psi})+\mathrm{const}\\=&(N+\upsilon-M)\ln|\boldsymbol{\Psi}|+\mathrm{const}+\\&\mathrm{tr}\left\{-\begin{bmatrix}\boldsymbol{W}^{-1}+\sum_{n=1}^{N}(\boldsymbol{y}(n)-\boldsymbol{\Phi}\langle\overline{\boldsymbol{x}}(n)\rangle)(\boldsymbol{y}(n)-\boldsymbol{\Phi}\langle\overline{\boldsymbol{x}}(n)\rangle)^{\mathrm{H}}\\+N\boldsymbol{\Phi}\boldsymbol{\Sigma}_{\overline{x}(n)}\boldsymbol{\Phi}^{\mathrm{H}}\end{bmatrix}\boldsymbol{\Psi}\right\}\end{aligned}\tag{5-37}$$

因此,$q^*(\boldsymbol{\Psi})$ 服从 Wishart 分布 $\mathcal{W}(\boldsymbol{\Psi}|\boldsymbol{W}_1,\upsilon_1)$,相关参数由下式定义:

$$\boldsymbol{W}_1^{-1}=\boldsymbol{W}^{-1}+\sum_{n=1}^{N}(\boldsymbol{y}(n)-\boldsymbol{\Phi}\langle\overline{\boldsymbol{x}}(n)\rangle)(\boldsymbol{y}(n)-\boldsymbol{\Phi}\langle\overline{\boldsymbol{x}}(n)\rangle)^{\mathrm{H}}+\sum_{n=1}^{N}\boldsymbol{\Phi}\boldsymbol{\Sigma}_{\overline{x}(n)}\boldsymbol{\Phi}^{\mathrm{H}}\tag{5-38}$$

$$\upsilon_1=N+\upsilon\tag{5-39}$$

最后,考虑到 $\boldsymbol{\delta}$ 的先验是无信息的,因此,$\boldsymbol{\delta}$ 的更新公式可通过最大化下式得到:

$$\begin{aligned}&\langle\ln p(\boldsymbol{Y}\mid\overline{\boldsymbol{X}},\boldsymbol{\Psi},\boldsymbol{\delta})\rangle_{q(\overline{\boldsymbol{X}})q(\boldsymbol{\Psi})}\\&=\left\langle\sum_{n=1}^{N}\left[\ln|\boldsymbol{\Psi}|-M\ln\pi-(\boldsymbol{y}(n)-\boldsymbol{\Phi}\overline{\boldsymbol{x}}(n))^{\mathrm{H}}\boldsymbol{\Psi}(\boldsymbol{y}(n)-\boldsymbol{\Phi}\overline{\boldsymbol{x}}(n))\right]\right\rangle\\&=-2\mathrm{Re}\{\boldsymbol{y}^{\mathrm{H}}(n)\upsilon_1\boldsymbol{W}_1\overline{\boldsymbol{B}}\mathrm{diag}(\boldsymbol{\mu}_{\overline{x}(n)})\}\boldsymbol{\delta}+2\mathrm{Re}\{\mathrm{diag}(\langle\overline{\boldsymbol{x}}(n)\overline{\boldsymbol{x}}^{\mathrm{H}}(n)\rangle\overline{\boldsymbol{A}}^{\mathrm{H}}\upsilon_1\boldsymbol{W}_1\overline{\boldsymbol{B}})^{\mathrm{T}}\}\boldsymbol{\delta}+\\&\quad\boldsymbol{\delta}^{\mathrm{T}}[\langle\overline{\boldsymbol{x}}(n)\overline{\boldsymbol{x}}^{\mathrm{H}}(n)\rangle\odot(\overline{\boldsymbol{B}}^{\mathrm{H}}\upsilon_1\boldsymbol{W}_1\overline{\boldsymbol{B}})^*]\boldsymbol{\delta}\end{aligned}\tag{5-40}$$

式中:$\odot$表示 Hadamard 积,且笔者已忽略无关的常数项。由于向量 $\boldsymbol{u}$、$\boldsymbol{v}$ 和矩阵 $\boldsymbol{H}$、$\boldsymbol{F}$ 满足如下等式关系:$\mathrm{Tr}\{\mathrm{diag}^{\mathrm{H}}(\boldsymbol{u})\boldsymbol{H}\cdot\mathrm{diag}(\boldsymbol{v})\cdot\boldsymbol{F}^{\mathrm{T}}\}=\boldsymbol{u}^{\mathrm{H}}(\boldsymbol{H}\odot\boldsymbol{F})\boldsymbol{v}$,所以,最大化式(5－40)等价于最大化下式:

$$\boldsymbol{\delta}^{\mathrm{T}}\boldsymbol{\Xi}\boldsymbol{\delta}-2\boldsymbol{\varepsilon}^{\mathrm{T}}\boldsymbol{\delta}\tag{5-41}$$

式中:$\boldsymbol{\Xi}$ 为半正定矩阵,且

$$\boldsymbol{\Xi}=\sum_{n=1}^{N}\langle\overline{\boldsymbol{x}}(n)\overline{\boldsymbol{x}}^{\mathrm{H}}(n)\rangle\odot(\overline{\boldsymbol{B}}^{\mathrm{H}}\upsilon_1\boldsymbol{W}_1\overline{\boldsymbol{B}})^{*} \tag{5-42}$$

$$\begin{aligned}\boldsymbol{\varepsilon}=&\sum_{n=1}^{N}\mathrm{Re}\{\boldsymbol{y}^{\mathrm{H}}(n)\upsilon_1\boldsymbol{W}_1\overline{\boldsymbol{B}}\mathrm{diag}(\boldsymbol{\mu}_{\overline{x}(n)})\}^{\mathrm{T}}-\\&\sum_{n=1}^{N}\mathrm{Re}\{\mathrm{diag}\langle\overline{\boldsymbol{x}}(n)\overline{\boldsymbol{x}}^{\mathrm{H}}(n)\rangle\overline{\boldsymbol{A}}^{\mathrm{H}}\upsilon_1\boldsymbol{W}_1\overline{\boldsymbol{B}}\}\end{aligned} \tag{5-43}$$

若 $\boldsymbol{\Xi}$ 可逆，则 $\boldsymbol{\delta}$ 的更新公式为$\boldsymbol{\Xi}^{-1}\boldsymbol{\varepsilon}$，否则 $\delta_d=\dfrac{\varepsilon_d}{\Xi_{dd}}$，$d=1,\cdots,D$。这里需要注意的是，$\boldsymbol{\delta}$ 和$\overline{\boldsymbol{x}}(n)$具有相同的稀疏结构，$L$ 个非零元素的位置对应 L 个信源的方位，因此仅须计算$\boldsymbol{\mu}_{\overline{x}(n)}$ 中 L 个最大元素值所在方位处的 $\boldsymbol{\delta}$，$\boldsymbol{\delta}$ 中其余位置处的元素设为 0。

依据前面推导出的公式对各隐变量的后验分布进行迭代更新，算法最终得以收敛，相关理论证明可参考文献[41]。

5.3.2　算法总结

变分贝叶斯 DOA 估计算法步骤如下：

(1)初始化隐变量 $\boldsymbol{\Psi}=\boldsymbol{I}_{M\times M}$，$\boldsymbol{\mu}=\boldsymbol{1}_{D\times K}$，$\boldsymbol{\Lambda}_k(\forall k\in\{1,\cdots,K\})=\boldsymbol{I}_{D\times D}$，$\boldsymbol{Z}=\boldsymbol{1}_{N\times K}$，$\boldsymbol{\pi}=\boldsymbol{1}_{K\times 1}$，$\overline{\boldsymbol{X}}=\overline{\boldsymbol{A}}^{\mathrm{H}}(\overline{\boldsymbol{A}}\ \overline{\boldsymbol{A}}^{\mathrm{H}})^{-1}\boldsymbol{Y}$，$\boldsymbol{\delta}=\boldsymbol{0}_{D\times 1}$，以及超参数 $\beta_0=\upsilon=10^{-6}$，$\boldsymbol{a}_k=\boldsymbol{b}_k=10^{-6}\cdot\boldsymbol{1}_{D\times 1}(\forall k\in\{1,\cdots,K\})$，$\boldsymbol{W}=10^{6}\cdot\boldsymbol{I}_{M\times M}$；

(2)利用当前模型参数分布计算式(5-30)、式(5-31)及式(5-32)所示的统计矩，由此得到$\langle z_{nk}\rangle=r_{nk}$；

(3)利用第(2)步中计算出的统计量，并根据式(5-24)和式(5-25)更新其余参数的后验分布；

(4)根据 $\boldsymbol{\pi}$，$\boldsymbol{\mu}$，$\boldsymbol{\Lambda}$ 和 $\boldsymbol{Z}$ 当前的后验分布，以及式(5-34)和式(5-35)分别计算$\overline{\boldsymbol{X}}$ 和 $\boldsymbol{\Psi}$ 的后验分布；

(5)通过最大化式(5-39)更新格点误差向量 $\boldsymbol{\delta}$；

(6)当收敛准则满足时，停止迭代过程。收敛准则可设置如下：各参数统计量的变动范围小于某个阈值或算法迭代次数达到预设的最大值。否则，跳转回第(2)步继续进行迭代。

所提变分算法在每一步迭代中，主要的计算资源耗费在式(5-35)中涉及的矩阵求逆运算中，运算复杂度为 $O(D^3)$，其中，D 表示离散方位格点的数目。其余参数在更新过程中消耗的计算资源可被忽略。总体来说，所提算法与传统 SBL 类算法的运算复杂度相当。

5.4 宽带信号扩展

通过将信号频谱划分为多个窄频段，再对每个子带内的信号应用窄带模型式(5-3)[3-5]，即可将所提算法推广到宽带DOA估计问题中。为了便于频域处理，可将采样数据按时间进行分块，再将每块数据转换到频域：

$$\boldsymbol{Y}_f=\boldsymbol{A}_f\boldsymbol{X}_f+\boldsymbol{E}_f, f\in\{f_1,\cdots,f_J\} \tag{5-44}$$

式中：不同的频点用下标 f 标识，在频点 f 处采集到的 N' 个快拍被表示为 $\boldsymbol{Y}_f\in\mathbf{C}^{M\times N'}$，频率依赖的方位矩阵可用 $\boldsymbol{A}_f$ 表示，离散傅里叶变换后的信源幅度矩阵可用符号 $\boldsymbol{X}_f\in\mathbf{C}^{L\times N'}$ 表示，频点 f 处的加性噪声可用符号 $\boldsymbol{E}_f\in\mathbf{C}^{M\times N'}$ 表示。

与 $\overline{\boldsymbol{\theta}}$ 的维度相比，入射信源数目较小，因此可采用稀疏重构方法在各频点处估计DOA。频点 f 处的窄带稀疏DOA估计信号模型为

$$\boldsymbol{Y}_f=\boldsymbol{\Phi}_f\overline{\boldsymbol{X}}_f+\boldsymbol{E}_f, f\in\{f_1,\cdots,f_J\} \tag{5-45}$$

这里，假设各信源的入射方位不同，但所占频带相同，因此各 $\overline{\boldsymbol{X}}_f$ 具有相同的稀疏结构。$\boldsymbol{\Phi}_f$ 表示频点 f 处的超完备阵列流形矩阵。依据式(5-45)，将时域快拍替换为频域快拍后，我们即可利用5.3节所提变分贝叶斯方法求解各频点处的DOA估计问题。

5.5 算法验证

在本节中，笔者将利用仿真和实验数据检验所提算法的性能。

5.5.1 仿真结果

笔者先以一个简单的仿真实例检验所提SBL算法的分辨性能。以10阵元半波长布阵的ULA为例，其接收噪声协方差矩阵各元素符合文献[19]定义的形式：

$$[\boldsymbol{Q}]_{kl}=\sigma^2\exp\{-(k-l)^2\zeta\} \tag{5-46}$$

其中：$\sigma^2=3, \zeta=0.7, 1\leqslant k\leqslant 10, 1\leqslant l\leqslant 10$。采用文献[10]中定义的SNR，即 $\mathrm{SNR}\triangleq\frac{\sigma_s^2}{10}\sum_{i=1}^{10}\frac{1}{[\boldsymbol{Q}]_{ii}}$，其中 σ_s^2 表示信号功率。两个SNR均为0 dB，相关系数为0.8的窄带信号分别从 $-4°$ 和 $+4°$ 方位入射到阵列上。快拍数设置为 $N=100$，蒙特卡洛实验次数设为20。图5.2比较了所提SBL算法与文献[21]所提IMLSE算法和ILSSE算法的空间谱图。显然，3种算法中仅有所提算法能够有

效分辨所设的两个信源，其原因为利用协方差矩阵信息的IMLSE算法和ILSSE算法须收集足够多的快拍数据以精确估计协方差矩阵。与这两种算法不同，所提算法是在贝叶斯框架中等效实现ML估计准则，因此能够继承ML算法估计精度高和SBL算法运算效率高的优点。所提算法为了体现空域稀疏性，分别对信源幅度和功率倒数施以高斯分布和伽马分布作为先验分布，最终合成针对$\overline{\boldsymbol{X}}$的学生-$t$稀疏先验分布。

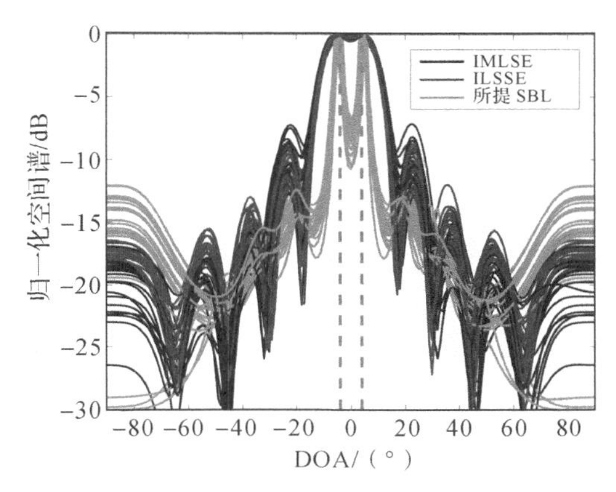

图5.2　色噪声背景中三种DOA估计算法的空间谱对比(其中SNR=0 dB)

以下仿真仍采用上述阵列结构，噪声协方差矩阵中各元素仍符合式(5-46)所定义的形式。以$\Delta\theta=1°$为间隔对空域进行均匀离散化采样，得到超完备方位集合$\overline{\boldsymbol{\theta}}$。所提算法的迭代终止判定条件如下：相邻两次迭代的代价函数的差值不大于10^{-4}。蒙特卡洛实验次数设置为200，RMSE的计算公式为

$$\mathrm{RMSE}=\left[\frac{1}{200L}\sum_{l=1}^{L}\sum_{r=1}^{200}(\hat{\theta}_l^r-\theta_l)^2\right]^{1/2} \tag{5-47}$$

式中：$\hat{\theta}_l^r$表示第r次实验中θ_l的估计值。在所提的SBL DOA估计算法中，不失一般性，混合分量的个数K设置为10。

在仿真实验1中，将所提SBL DOA估计算法的测向性能与Sergiy Vorobyov所提SV ML算法[19]、Bin Liao所提IMLSE和ILSSE算法[21]、Maliowtov所提L1SVD算法[25]、Zhangmeng Liu所提SF RVM算法[30]、MMV CV-RVM算法[29]的测向性能以及CRLB作对比。CRLB的具体形式如文献[42]所述。假设两相关系数为0.7的窄带信源分别从$-5°+\nu$和$5°+\nu$方位入射到阵列上，其中ν为每次蒙特卡洛实验中从角度集合$[-\Delta\theta/2,\Delta\theta/2]$中随机抽取的一个方位扰动值。SNR的变化范围为$-5\sim15$ dB，采样快拍数为50，各算法的RMSE曲线绘制于图5.3中，运算时间绘制于图5.4中。仿真所用计算机配置双核主频为3.4 GHz的CPU和16 GB的RAM。

图 5.3 中的仿真结果表明，除 SF RVM 算法外，其他 3 种稀疏重构算法包括所提 SBL 算法、L1SVD 算法以及 MMV CV-RVM 算法，均能够在低 SNR 区间成功分辨出两信源，但当 SNR 高于 2 dB 时，MMV CV-RVM 算法和 L1SVD 算法的测向误差高于其他两种稀疏重构算法的测向误差，并且 MMV CV-RVM 和 L1SVD 这两种算法的 RMSE 在 SNR 升至 15 dB 时也无法趋近 CRLB，其原因为上述两种算法完全忽视了信号波形的相关特性，因而无法消除收敛误差与结构误差。对 SF RVM 算法来说，在高 SNR 下其测向性能优于 MMV CV-RVM 算法和 L1SVD 算法，但当 SNR 低于 2 dB 时，该算法的测向性能迅速恶化，其原因为该算法将原始的多测量问题分解为一系列单测量问题，因而损失了阵列孔径。从仿真结果还可观察到：①即使在高 SNR 下，ILSSE 和 IMLSE 算法仍无法给出精确的 DOA 估计结果，这是由于这两种算法是基于接收数据的统计特性推导出的，所以只有当快拍数足够多时才能得到较高的估计精度；②由于 SV ML 算法将噪声协方差矩阵近似为一个具有相同块结构的块对角矩阵，与实际噪声模型不符，所以测向性能较差。从图中所示仿真结果可明显看到，在所有参与对比的算法中，所提 SBL 算法的 DOA 估计精度最高，RMSE 曲线最接近 CRLB。这些性能提升是由于所提算法充分利用了信号和噪声协方差矩阵中各元素间的互相关特性，而其他算法忽视了这些结构特征。

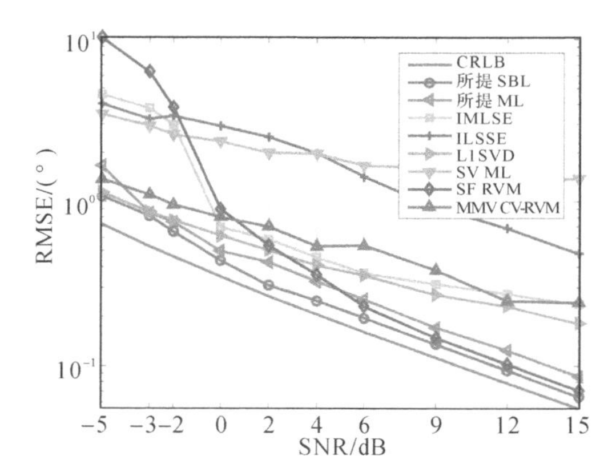

图 5.3　色噪声背景中，各算法估计两窄带相关信源的 DOA 的 RMSE 随 SNR 的变化图

笔者也比较了各算法的计算效率，结果示于图 5.4 中，仿真参数与图 5.3 相同。由于 SV ML 算法通过多维搜索实现 DOA 估计，所以该算法的运算复杂度最高。图中结果还表明：当 SNR≤6 dB 时，SF RVM 算法的运算时间比所提 SBL 算法长；当 SNR>6 dB 时，SF RVM 算法和所提 SBL 算法在各种实验仿真条件下具有相近的运算时间。此外，L1SVD 和 IMLSE 算法分别与 MMV CV-RVM 和 ILSSE 算法的运算复杂度相当，但比所提 SBL 算法的运算效率高得

多。然而，当考虑到 L1SVD，CV - RVM，IMLSE 和 ILSSE 算法的较差的测向性能时，这些算法的运算效率优势便无法成为选取它们进行 DOA 估计的首要因素。一般来说，所提 SBL 算法的运算时间由混合高斯模型的参数求解过程所决定，该过程极大地扩展了模型维度，因此加重了运算负担。

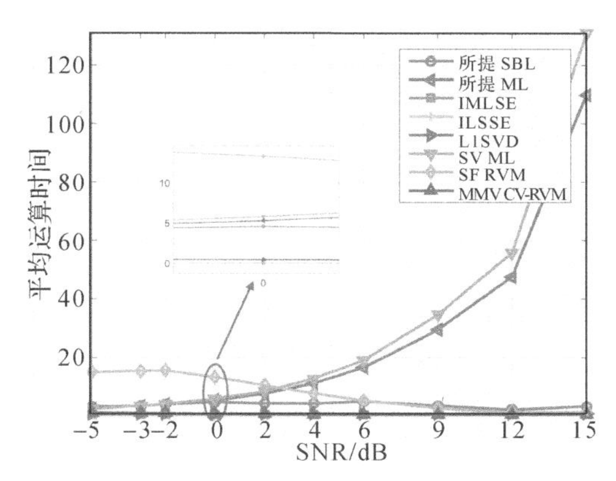

图 5.4　各窄带 DOA 估计算法的平均运算时间随 SNR 的变化图

图 5.5 为各算法的测向误差随快拍数的变化情况。在本仿真中，SNR 固定为 0 dB，其余仿真参数设置为与图 5.4 相同的值。根据图中曲线，易知所有算法的 RMSE 随 CRLB 同步下降，在整个快拍数变化区间所提算法均达到最优的估计性能。在 SNR 和快拍数分别固定为 0 dB 和 50 时，将角度间隔从 5°增加到 15°，以比较各算法的超分辨性能，其余仿真参数设置如前。由图 5.6 所示仿真结果可知，与其他算法相比，所提 SBL 算法具有最优的超分辨性能。

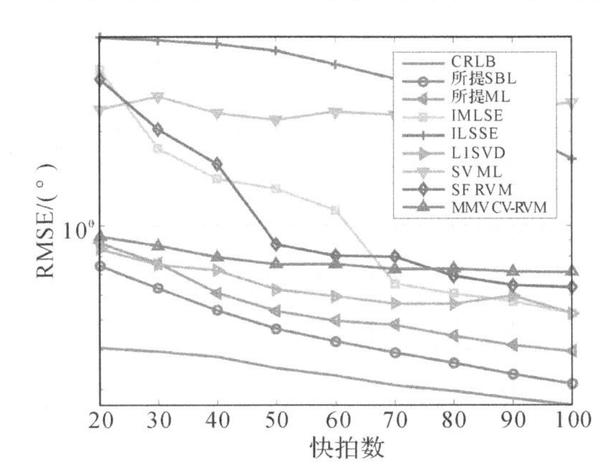

图 5.5　色噪声背景中，各算法估计两窄带相关信源的 DOA 的 RMSE 随快拍数的变化图

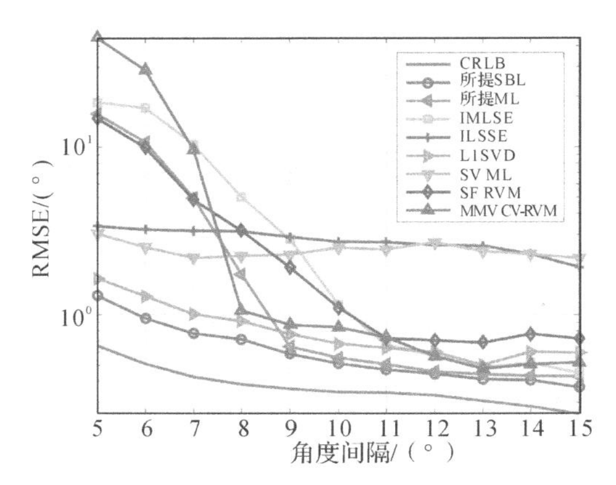

图 5.6　色噪声背景中，各算法估计两窄带相关信源的 DOA 的 RMSE 随角度间隔的变化图

在仿真实验 2 中，考虑窄带非相关信号与空时白高斯噪声同时存在的情况，其余仿真参数的设置值与图 5.3、图 5.5 和图 5.6 相同。在本次实验中，SF RVM 和 MMV CV－RVM 算法须做相应的变形，以适应特化的信号环境，修正后的算法分别称为 iRVM 算法[28] 和 SMV CV－RVM 算法[29]。当 SNR 从 －5 dB 增加到 15 dB，快拍数从 20 增加到 100，或者角度间隔从 5°增加到 15°时，各算法的 RMSE 曲线如图 5.7～图 5.9 所示。由仿真结果可知，除角度间隔极小的极端情形外，所提 SBL 算法的测向误差均能低至 CRLB。其他算法的估计误差均大于所提算法。该组仿真结果表明，所提 SBL 算法在非相关信号和均匀噪声环境中仍能保持较好的测向性能。

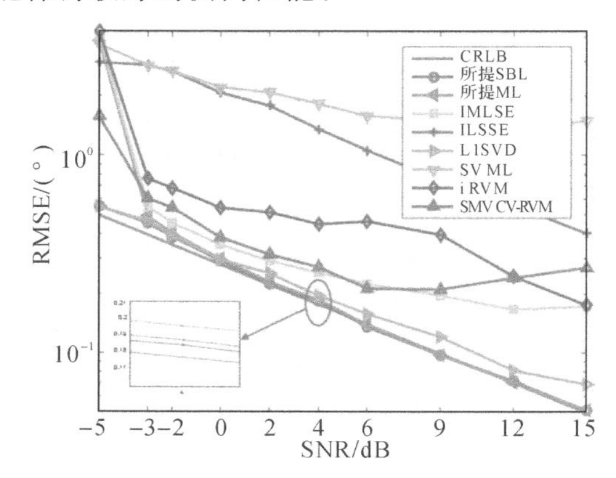

图 5.7　高斯白噪声背景中，各算法估计两窄带非相关信源的 DOA 的 RMSE 随 SNR 的变化图

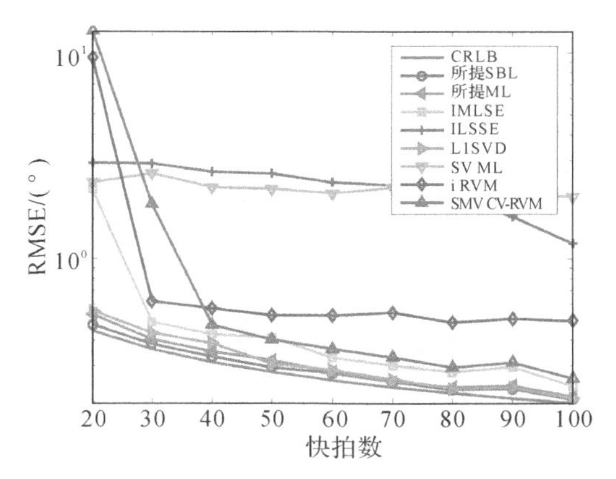

图 5.8　高斯白噪声背景中，各算法估计两窄带非相关信源的 DOA 的 RMSE 随快拍数的变化图

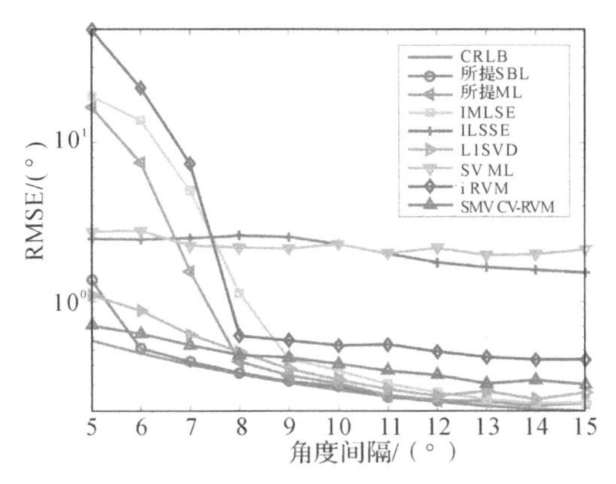

图 5.9　高斯白噪声背景中，各算法估计两窄带非相关信源的 DOA 的 RMSE 随角度间隔的变化图

在仿真实验 3 中，笔者仍然采用 10 阵元 ULA，检验各算法估计宽带信号 DOA 的能力。假设两个中心频率为 70 MHz 的等功率 BPSK 信号同时入射到阵列上，信号带宽为载频的 20%，采样快拍数为 256。在非混叠采样下，阵列输出数据被均匀划分成 8 个长度为 32 的频带，以得到窄带测量输出，各频带内的噪声模型依图 5.3～图 5.6 的方式设置，因此，宽带 Fisher 信息矩阵(Fisher Information Matrix, FIM)为所有窄带 FIM 之和。应用文献[42]所示窄带 FIM 的定义，易推导出宽带 CRLB 的数学表达式。在本次仿真实验中，笔者先将两 BPSK 信号的方位设定为与前面仿真中的信号方位相同的数值，并检验所提算法、W-CMSR [27]、WSpSF [43]、L1SVD、JLZA、iRVM、CSSM[3] 与 WAVES [5] 算

法的 SNR 适应度。由图 5.10 所示仿真结果可知，在整个 SNR 变化区间内，仅有 WSpSF 和 JLZA 算法无法分辨入射信号，原因为色噪声协方差矩阵结构先验信息的缺失会引入空间谱中的伪峰。此外，由仿真结果还可看出，在参与对比的算法中，WAVES 算法的测向性能优于 L1SVD、W－CMSR、iRVM 和 CSSM 算法，但所提 SBL 算法仍具有最高的测向精度，这是因为所提算法采用的混合高斯先验能够以任意精度逼近任意形式的概率分布，所以能够更好地表征非圆 BPSK 数据集的特性。随后笔者将 SNR 固定为 0 dB，快拍数固定为 256，绘制出各算法 RMSE 随角度间隔的变化情况，如图 5.11 所示。仿真结果再次证明所提算法在分辨空域邻近信号方面相比其他现有算法所体现出的巨大性能优势。

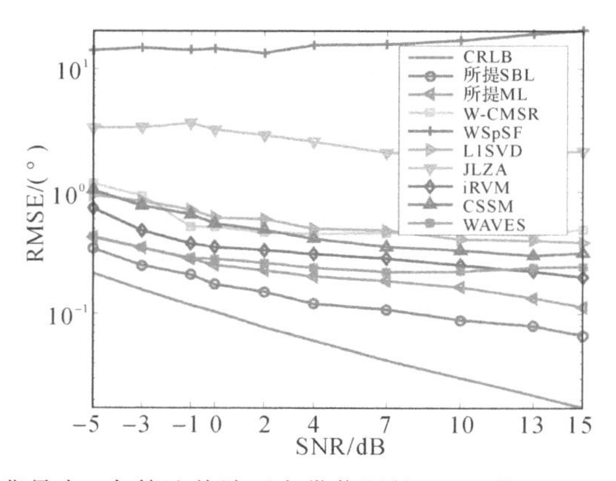

图 5.10 色噪声背景中，各算法估计两宽带信源的 DOA 的 RMSE 随 SNR 的变化图

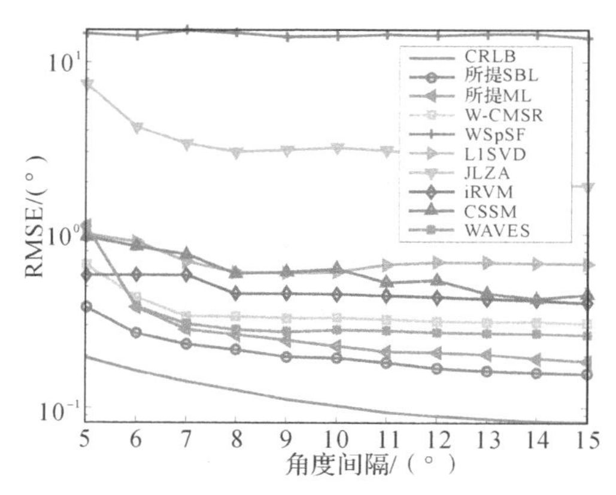

图 5.11 色噪声背景中，各算法估计两宽带信源的 DOA 的 RMSE 随角度间隔的变化图

5.5.2 实验结果

笔者在本小节利用水下实测数据进一步验证所提算法的有效性。在实际水下声源定位实验中，环境噪声通常为色噪声。笔者利用阵元间距为0.3 m、阵元个数为9的均匀水听器阵列收集实验数据，水听器阵水平放置，距湖面3 m。实验时间为初夏，地点为千岛湖。水下声速约为1 500 m/s，信号采样频率为20 800 Hz，滤波器频带为[2, 3] kHz。两个远场声源入射到阵列上，信源1为高斯噪声信号，信源2为频率范围为1 500～3 500 Hz的chirps信号。信源2的功率高于信源1的功率10 dB，两信源的入射方位分别为－35°和－10°。待检测性能的算法包括常规波束形成(Classical Beamforming, CB)算法[44]、L1SVD算法以及所提SBL算法。仿真章节中采用的参与性能比较的其他算法未在实验数据处理中采用，因为这些算法在实际多途信号环境中失效。此外，ML类算法的估计结果也未给出，因为这类算法的最优目标函数值并不代表真实信号功率，而是代表对数似然函数的最小值。参与对比性能的3种算法的空间谱绘制于图5.12中，其中，子图(a)(b)(c)分别表示CB、L1SVD以及所提SBL算法的频率-方位谱图，子图(d)(e)(f)为子图(a)(b)(c)的频域平均结果。由该图所示的仿真结果可知，CB算法的测向精度较低，且估计结果的伪峰较多，会使得真实信号谱峰淹没在“背景杂波”中。L1SVD算法形成的谱峰较尖锐，且旁瓣较低，但由于该算法所采用的信号模型与真实信号模型不匹配，所以并不能估计出位于－10°的弱信号的方位。与之相反，所提SBL算法充分利用了各频段信号的联合稀疏性和噪声的非均匀性，因此能够在较好地抑制伪峰的同时准确地估计出两个信号的真实方位。利用实验数据得到的分析结果再次验证了所提算法的有效性。

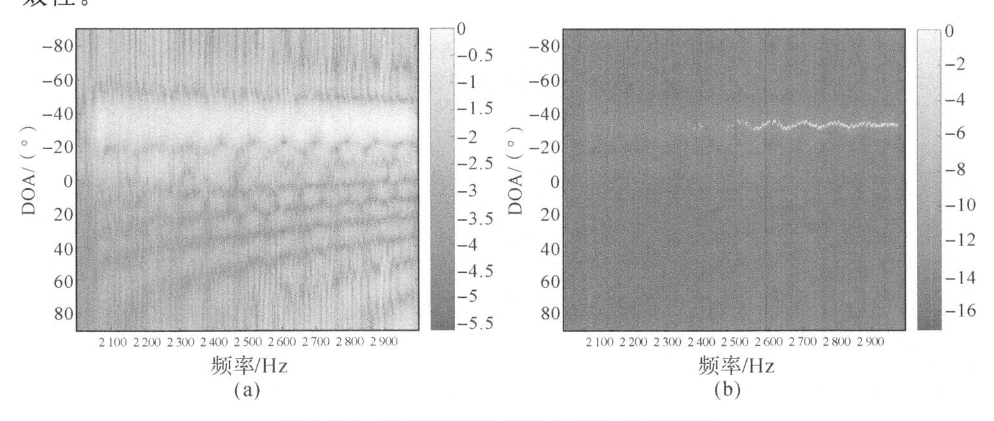

图5.12 基于实测数据的各算法空间谱图

(a) 常规波束形成；(b) L1SVD

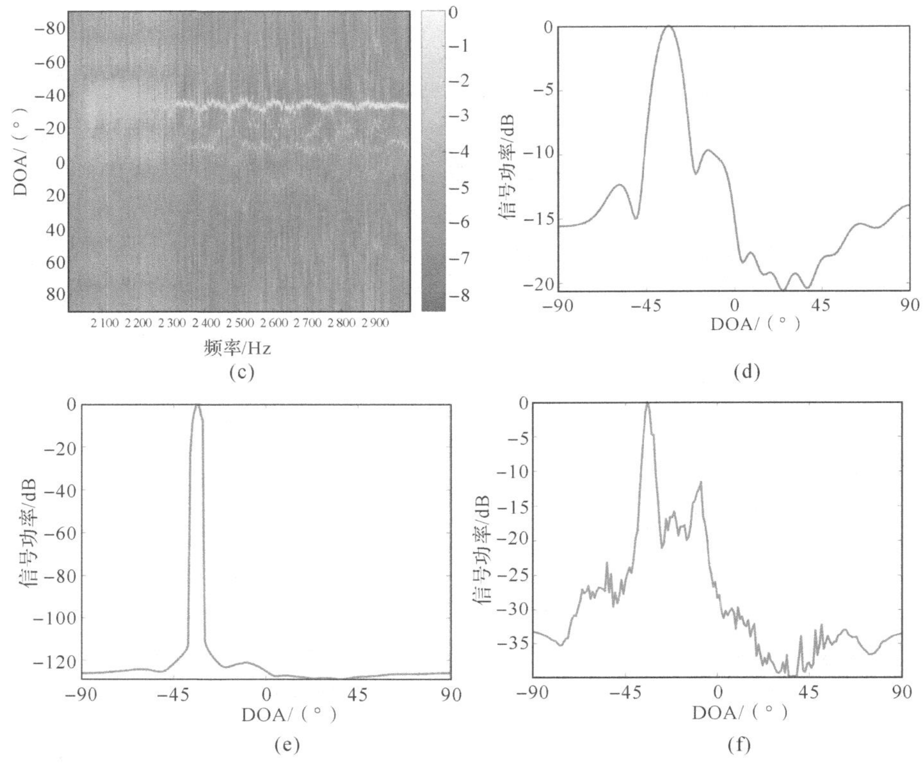

续图 5.12 基于实测数据的各算法空间谱图

(c) 所提 SBL 算法；(d)常规波束形成的频域平均；

(e)L1SVD 的频域平均；(f)所提 SBL 算法的频域平均

5.6 本章小结

本章解决了色噪声背景下相关信号的 DOA 估计问题。笔者基于 SBL 准则构建了相应的优化问题，并推导出了解决该问题的迭代算法。所提 SBL 算法利用混合高斯先验分布来灵活表征空域过完备信号幅度矩阵中的列相关信息，并利用 Wishart 先验来描述噪声精度矩阵的统计特性。随后，笔者利用变分贝叶斯推断方法得到各未知变量后验分布的近似形式。所提 SBL 算法由于充分利用了入射信号的空域稀疏性来加速优化问题的求解过程，所以在运算效率方面比 ML 类测向算法有较大优势。仿真结果表明，与传统算法相比，所提算法对小快拍数、低 SNR 以及空域邻近信号等恶劣环境有更好的适应性。此外，笔者还利用水下实测数据验证了所提算法在实际信号环境中的有效性。

5.7　本章参考文献

[1] SCHMIDT R O. Multiple emitter location and signal parameter estimation[J]. IEEE Trans. Antennas Propag., 1986,34 (3): 276 - 280.

[2] KRIM H, VIBERG M. Two decades of array signal processing research: the parametric approach[J]. IEEE Signal Process. Mag., 1996,13 (4): 67 - 94.

[3] WANG H, KAVEH M. Coherent signal-subspace processing for the detection and estimation of angles of arrival of multiple wide-band sources [J]. IEEE Trans. Acoust., Speech, Signal Process., 1985, 33 (4): 823 - 831.

[4] YOON Y S, KAPLAN L M, MCCLELLAN J H. TOPS: new DOA estimator for wideband signals[J]. IEEE Trans. Signal Process., 2006, 54 (6): 1977 - 1989.

[5] DI CLAUDIO E D, PARISI R. WAVES: weighted average of signal subspaces for robust wideband direction finding[J]. IEEE Trans. Signal Process., 2001, 49 (10): 2179 - 2191.

[6] VIBERG M, OTTERSTEN B. Sensor array processing based on subspace fitting [J]. IEEE Trans. Signal Process., 1991, 39 (5): 1110 - 1121.

[7] STOICA P, SHARMAN K C. Maximum likelihood methods for direction-of-arrival estimation [J]. IEEE Trans. Acoust., Speech, Signal Process., 1990, 38 (7): 1132 - 1143.

[8] PESAVENTO M, GERSHMAN A B. Maximum-likelihood direction-of-arrival estimation in the presence of unknown nonuniform noise [J]. IEEE Trans. Signal Process., 2001, 49 (7): 1310 - 1324.

[9] MATVEYEV A L, GERSHMAN A B, BOHME J F. On the direction estimation Cramer-Rao bounds in the presence of uncorrelated unknown

noise[J]. Circuits, Syst., Signal Process., 1999, 18: 479 - 487.

[10] GERSHMAN A B, MATVEYEV A L, BöHME J F. Maximum-likelihood estimation of signal power in sensor array in the presence of unknown noise field[J]. Proc. Inst. Elect. Eng., Radar, Sonar, Navig., 1995, 142:218 - 224.

[11] CHEN C E, LORENZELLI F, HUDSON R E, et al. Stochastic maximum-likelihood DOA estimation in the presence of unknown nonuniform noise [J]. IEEE Trans. Signal Process., 2008, 56 (7): 3038 - 3044.

[12] NAGESHA V, KAY S. Maximum likelihood estimation for array processing in colored noise[J]. IEEE Trans. Signal Process., 1996, 44 (2): 169 - 180.

[13] WAX M, SHEINVALD J, WEISS A J. Detection and localization in colored noise via generalized least squares [J]. IEEE Trans. Signal Process., 1996, 44 (7): 1734 - 1743.

[14] LI M, LU Y. Maximum likelihood DOA estimation in unknown colored noise fields[J]. IEEE Trans. Aerosp. Electron. Syst., 2008, 44 (3): 1079 - 1090.

[15] GORANSSON B, OTTERSTEN B. Direction estimation in partially unknown noise fields[J]. IEEE Trans. Signal Process., 1999, 47 (9): 2375 - 2385.

[16] PAULRAJ A, KAILATH T. Eigenstructure method for direction of arrival estimation in the presence of unknown noise fields[J]. IEEE Trans. Acoust., Speech, Signal Process., 1986, 34 (1) :13 - 20.

[17] MOGHADDAMJOO A. Transform-based covariance differencing approach to the array with spatially nonstationary noise[J]. IEEE Trans. Signal Process., 1991, 39 (1): 219 - 221.

[18] WERNER K, JANSSON M. DOA estimation and detection in colored noise using additional noise-only data [J]. IEEE Trans. Signal Process., 2007, 55 (11) :5309 - 5322.

[19] VOROBYOV S A, GERSHMAN A B, WONG K M. Maximum likeli-

hood direction-of-arrival estimation in unknown noise fields using sparse sensor arrays[J]. IEEE Trans. Signal Process., 2005,53 (1):34 - 43.
[20] SINATH H, REDDY V U. Analysis of MUSIC algorithm with sensor gain and phase perturbations[J]. Signal Process.,1991,23 (3):245 - 256.
[21] LIAO B, CHAN S C, HUANG L, et al. Iterative methods for subspace and DOA estimation in nonuniform noise[J]. IEEE Trans. Signal Process., 2016,64 (12):3008 - 3020.
[22] STOICA P, BABU P, LI J. SPICE: a sparse covariance-based estimation method for array processing[J]. IEEE Trans. Signal Process., 2011,59 (2):629 - 638.
[23] PILLAI S U, KWON B H. Forward/backward spatial smoothing techniques for coherent signal identification[J]. IEEE Trans. Acoust., Speech, Signal Process.,1989,37 (1) :8 - 15.
[24] GORODNITSKY I F, RAO B D. Sparse signal reconstruction from limited data using FOCUSS: a re-weighted minimum norm algorithm [J]. IEEE Trans. Signal Process.,1997,45 (3) :600 - 616.
[25] MALIOUTOV D, CETIN M, WILLSKY A S. A sparse signal reconst ruction perspective for source localization with sensor arrays[J]. IEEE Trans. Signal Process., 2005,53 (8): 3010 - 3022.
[26] HYDER M M, MAHATA K. Direction-of-arrival estimation using a mixedl2,0 norm approximation[J]. IEEE Trans. Signal Process., 2010,58 (9):4646 - 4655.
[27] LIU Z M, HUANG Z T,ZHOU Y Y. Direction-of-arrival estimation of wideband signals via covariance matrix sparse representation[J]. IEEE Trans. Signal Process., 2011,59 (9):4256 - 4270.
[28] LIU Z M, HUANG Z T, ZHOU Y Y. An efficient maximum likelihood method for direction-of-arrival estimation via sparse Bayesian learning [J]. IEEE Trans. Wireless Commun., 2012,11 (10):3607 - 3617.
[29] LIU Z M, HUANG Z T, ZHOU Y Y. Sparsity-inducing direction finding for narrowband and wideband signals based on array covariance vectors[J]. IEEE Trans. Wireless Commun., 2013,12 (8): 3896 - 3907.

[30] LIU Z M, LIU Z, FENG D W, et al. Direction-of-arrival estimation for coherent sources via sparse Bayesian learning[J]. Int. J. Antennas Propag. Art. ,2014(959386):1 - 3.

[31] LIU Z M, HUANG Z T, ZHOU Y Y. Array signal processing via sparsity-inducing representation of the array covariance matrix [J]. IEEE Trans. Aerosp. Electron. Syst. , 2013,49 (3): 1710 - 1724.

[32] WIPF D P, RAO B D, NAGARAJAN S. Latent variable Bayesian models for promoting sparsity[J]. IEEE Trans. Inf. Theory. ,2011,57 (9) :6236 - 6255.

[33] AUSTIN C D, MOSES R L, ASH J N, et al. On the relation between sparse reconstruction and parameter estimation with model order selection[J]. IEEE J. Sel. Topics Signal Process. ,2010,4 (3):560 - 570.

[34] WU X, ZHU W P, YAN J. Direction of arrival estimation for off-grid signals based on sparse Bayesian learning[J]. IEEE Sensors J. , 2016, 16 (7):2004 - 2016.

[35] WIPF D P, OWEN J P, ATTIAS H T,et al. Robust Bayesian estimation of the location, orientation, and time course of multiple correlated neural sources using MEG[J]. NeuroImage. ,2010,49 (1): 641 - 655.

[36] HU N, YE Z, XU X, et al. DOA estimation for sparse array via sparse signal reconstruction[J]. IEEE Trans. Aerosp. Electron. Syst. , 2013, 49 (2):760 - 773.

[37] HE Z Q, SHI Z P, HUANG L. Covariance sparsity-aware DOA estimation for nonuniform noise[J]. Digit. Signal Process. ,2014, 28:75 - 81.

[38] TAN Z, NEHORAI A. Sparse direction of arrival estimation using co-prime arrays with off-grid targets [J]. IEEE Signal Process. Lett. , 2014,2 (1):26 - 29.

[39] YANG Z, XIE L, ZHANG C. Off-grid direction of arrival estimation using sparseBayesian inference[J]. IEEE Trans. Signal Process. ,2013, 61 (1):38 - 43.

[40] BEAL M J. Variational algorithms for approximate Bayesian inference [D]. London: Univ. College London, 2004.

[41] BISHOP C, TIPPING M. Variational relevance vector machines[C]// 16th Conf. Uncertainty in Artificial Intelligence, 2000: 46 - 53.

[42] STOICA P, LARSSON E G, GERSHMAN A B. The stochastic CRB for array processing: a textbook derivation[J]. IEEE Signal Process. Lett. ,2001, 8 (5):148 - 150.

[43] HE Z Q, SHI Z P, HUANG L, et al. Underdetermined DOA estimation for wideband signals using robust sparse covariance fitting[J]. IEEE Signal Process. Lett. ,2013, 22 (4):435 - 439.

[44] CAPON J. High resolution frequency-wavenumber spectrum analysis [J]. Proc. IEEE, 1969,57 (8):1408 - 1418.

第6章 贝叶斯稳健自适应波束形成算法

6.1 引 言

自适应波束形成的本质是空域滤波，以增强从特定方位入射的期望信号，抑制从其他方位入射的干扰及噪声[1-3]，该技术已在雷达、声呐、无线通信以及语音处理等领域[4,5]得到广泛应用。众所周知，当训练样本被期望信号所污染时，经典的最小方差无失真响应(Minimum Variance Distortionless Response, MVDR)波束形成器[6]，又被称为 Capon 波束形成器，对导向矢量失配非常敏感[7]。引起导向矢量失配现象的原因包括非完全阵列校准、DOA 误差、电磁/声场传播环境的不确定性以及阵列扰动等[8-11]。文献[12]指出导向矢量的不确定性会引起信号自消现象，此现象的产生会使得 MVDR 波束形成器的输出信干噪比(Signal-to-Interference-plus-Noise Ratio, SINR)急剧降低，此外，干扰+噪声协方差矩阵(Interference-plus-Noise-Covariance, INC)难以在实际信号场景中精确估计得到，因此，稳健自适应波束形成(Robust Adaptive Beamforming, RAB)技术的出现为解决导向矢量和协方差矩阵失配问题提供了有力支撑。

作为对导向矢量的不确定性不敏感的算法之一，线性约束最小方差(Linearly Constrained Minimum Variance, LCMV)波束形成器[13]能够展宽主瓣，因此可增强算法对期望信号 DOA 估计误差的稳健性。然而，LCMV 波束形成器难以应对其他形式的信号失配场景。MVDR RAB 算法的改进形式包括对角加载[14]、最差性能优化[15]以及非先验信息依赖[16]等。对角加载算法的缺点如下：与不确定集上界相关的对角加载因子难以确定。文献[17]已证明，最差性能优化波束形成器为对角加载波束形成器的特例，然而，最差性能优化波束形成器的闭式解一般不存在，且该算法所涉及的数值优化问题的求解过程异常烦琐，运算复杂度较高。文献[16]设计了基于导向矢量估计的MVDR RAB算法，该算法仅利用少量先验信息即可获得比最差性能优化算法更优的干扰抑制性能，具体实现思路如下：摒弃了最大化不确定集内任意波束指向的输出功率的传统波束形成器设计方法，而是将波束对准修正后的目标方位，并最大化此处的输出功率。该算法的缺陷为运算复杂度较大。为了解决训练样本被期望信号污染的问题，文献[18]通过将Capon空间谱在期望信号入射方位不确定集的补集进行积分以重构INC矩阵，并利用连续二次规划(Sequential Quadratic Program, SQP)估计期望信号的真实导向矢量。文献[19]提出了另一种利用空间功率谱采样(Spatial Power Spectrum Sampling, SPSS)技术估计INC矩阵的方法，以降低文献[18]所设计方法的运算复杂度。

由于波束图凹口通常较窄，所以若阵列权矢量不能随非平稳干扰捷变，则现有RAB算法的干扰抑制性能会急剧下降[20]。为解决以上问题，Guerci[21]通过将采样协方差矩阵与共形矩阵锥化的思想结合起来，提出一种稳健的方向图设计方法，该方法被称为"协方差矩阵锥化(Covariance Matrix Taper, CMT)"算法，应用该算法可有效扩展方向图零陷，从而补偿干扰的运动信息。文献[22]指出，该方向图修正技术须进一步优化，以提升针对期望信号方位误差的稳健性。文献[23]和[24]指出，利用数据依赖的微分约束(Data-dependent Derivative Constraints, DDCs)条件，可产生具有自适应凹槽的方向图。应用该思想设计出的稳健特征向量投影(Eigenvector Projection, EP)算法和加载采样协方差矩阵求逆(Loaded Sample Matrix Inversion, LSMI)算法具有一些性能缺陷，如用户参数难以选取、低SNR下子空间混叠等。文献[25]将文献[15]提出的最差性能优化算法进行了推广，以使算法同时对非平稳干扰和信号导向矢量误差具有稳健性。然而，此算法在实际中难以应用，原因为：信号导向矢量和阵列数据矩阵的不确定度的先验信息不易获得。文献[26]修改了稳健性的定义，提出了一种基于最小离散度准则的MVDR RAB算法，该算法通过将干扰所在的动态角度集合中的平均功率设置为0，以从波束输出中剔除干扰能量。

采用贝叶斯观点[27,28]描述导向矢量误差是设计稳健波束形成器的另一种思路。文献[29]提出了一种贝叶斯波束形成算法，以服从某特定先验分布的随机变量描述 DOA 的不确定性。该算法又被称为最小均方误差（Minimum Mean Square Error, MMSE)波束形成器，它是一组分别指向 DOA 待选集合中各元素的 MVDR 波束形成器的加权和，权重由计算出的后验分布决定。然而，当先验模型不包含真实 DOA 时，MMSE 准则的最优性无法得以保证。文献[30]提出了当期望信号导向矢量的不确定性以高斯分布刻画时，目标 DOA 的最大后验估计方法，修正后的 DOA 可被应用于波束权矢量的设计当中。显然，由于聚焦于平均方位的真实数据模型通常不符合预设的高斯分布，所以文献[30]所述的统计假设与实际需求不符，这也意味着阵列的“方向图”信息被忽视了。近年，文献[31]提出一种新的贝叶斯 RAB 算法，该算法以 Bingham 分布作为期望信号导向矢量的先验分布。然而，该算法在求解过程中所采用的吉布斯采样方法的收敛速度较慢，且收敛条件不易判定。

基于以上文献调研结果，笔者致力于补足现有数据自适应 RAB 算法的短板，提出一种新颖灵活且计算效率高的 RAB 算法。笔者的贡献可概括为以下两点：第一，为了描述阵列响应中方位信息的旋转不变特性，笔者利用作用于复球空间的复 Watson 分布设计了一种新的波束形成算法，在分析此概率模型下后验分布难以推导的前提下，笔者引入变分推断准则以得到各参数更新值的近似可行解，所提算法保留了所有参数的概率分布信息，且所涉及的优化过程无须进行复杂的数值计算；第二，笔者提出了能同时对抗非平稳干扰和信号导向矢量误差的稳健波束形成算法，笔者利用“截棍”模式的狄利克雷过程（Dirichlet Process, DP）[32,33]的聚类特性描述运动干扰的概率模型，由于不同快拍中空域特征相同的干扰信号共享同一精度矩阵，所以将干扰导向矢量在时间维度上进行分类是可行的，笔者基于严谨的统计框架实现了对运动干扰的高效抑制，并利用变分算法推导各模型参数的后验分布。

本章内容安排如下：6.2 节提出待求解的波束形成问题并将其公式化。6.3 节给出贝叶斯波束形成器的设计过程并利用变分 EM 算法推导出概率图模型中各参数的后验分布。6.4 节将所提概率框架进行扩展，以提升波束形成器在非平稳干扰环境中的性能。6.5 节讨论所提算法与现有算法的联系与区别。6.6 节利用仿真和实验结果评估所设计波束形成器的性能。6.7 节总结本章内容。

6.2 问题构造

不失一般性，以 N 阵元 ULA 为例进行问题构造。采样时刻 k 对应的 $N\times1$ 维的阵列输出向量可表示为

$$\boldsymbol{y}_k=s_k^*\boldsymbol{v}+\boldsymbol{n}_k,k=1,\cdots,K \tag{6-1}$$

式中：K 为快拍总数；$\boldsymbol{v}$ 和$\boldsymbol{n}_k$ 分别表示时刻 k 的期望信号导向矢量和干扰＋噪声向量；s_k 表示时刻 k 的期望信号波形。

噪声、干扰和期望信号之间假设相互独立。$\boldsymbol{v}$ 可被表示为

$$\boldsymbol{v}=[\mathrm{e}^{\mathrm{j}2\pi d_1\sin\theta/\lambda},\mathrm{e}^{\mathrm{j}2\pi d_2\sin\theta/\lambda},\cdots,\mathrm{e}^{\mathrm{j}2\pi d_N\sin\theta/\lambda}]^{\mathrm{T}} \tag{6-2}$$

式中：λ 表示信号波长；$\{d_1,d_2,\cdots,d_N\}$ 集合包含各阵元坐标；θ 表示期望信号的方位角。

笔者的目标为从包含 K 个快拍数据的矩阵 $\boldsymbol{Y}$ 中估计出期望信号的波形向量 $\boldsymbol{s}=[s_1,\cdots,s_K]^{\mathrm{T}}$，其中，$\boldsymbol{Y}$ 中各列分别对应时刻 $1,\cdots,K$ 的接收数据向量$\boldsymbol{y}_k$。根据文献[7]，MVDR 波束形成器的权矢量可表示成如下形式，其中尺度缩放因子已被省略：

$$\boldsymbol{w}_{\mathrm{MVDR}}\propto\boldsymbol{R}_{i+n}^{-1}\boldsymbol{v} \tag{6-3}$$

式中：$\propto$ 表示成比例的含义。实际应用中，真实的目标信号导向矢量 $\boldsymbol{v}$ 和理想的 INC 矩阵$\boldsymbol{R}_{i+n}\triangleq E\{\boldsymbol{n}_k\boldsymbol{n}_k^{\mathrm{H}}\}$ 分别被预设的期望信号导向矢量 $\bar{\boldsymbol{v}}$ 和采样协方差矩阵 $\hat{\boldsymbol{R}}\triangleq\dfrac{1}{K}\sum_{k=1}^{K}\boldsymbol{y}_k\boldsymbol{y}_k^{\mathrm{H}}$ 所代替，得到的波束形成器被称为采样矩阵求逆(Sample Matrix Inversion，SMI)波束形成器。

在某些应用场景中，由于阵列流形的校准残余误差和非平稳干扰的存在，因此 SMI 波束形成器在自适应权矢量无法随非平稳干扰捷变时存在较大的性能损失，这也意味着增加滑动窗口的长度 K 也许能提高平稳环境中的干扰抑制性能，但却会恶化非平稳环境中的干扰抑制性能。此外，当期望信号导向矢量的精确先验信息未知时，SMI 波束形成器会将期望信号当做干扰抑制掉。同理，SMI 波束形成器在由于信号波前扭曲[34]、传播介质各项不同性[35]、相干散射[36]以及

扩展信源[37]等因素影响而使得阵列流形失配时同样存在性能下降现象。当对期望信号波形附加合理的先验分布，并采用 MMSE 准则估计该波形时，有望在上述非理想信号环境中提高波束形成器的性能。

6.3 贝叶斯稳健波束形成器设计

在本节中，笔者将 $\boldsymbol{s}$ 视为一随机向量，并提出一种新的贝叶斯方法以估计 $\boldsymbol{s}$。笔者经严格推导，证明此估计器等价于对采样快拍进行波束形成操作。由于笔者所设计的波束形成器的权矢量中包含一些未知参数，所以该矢量无法直接计算，须采用迭代算法求解。

6.3.1 概率模型构建

在贝叶斯框架下，生成模型一般采用分层表示方法，隐变量被描述为服从特定先验分布的随机变量。以我们所关注的问题为例，笔者假设干扰＋噪声向量服从均值为零向量、精度矩阵未知的复高斯分布，如下式所示：

$$p(\boldsymbol{n}_k|\boldsymbol{\Lambda})=\pi^{-N}|\boldsymbol{\Lambda}|\exp(-\boldsymbol{n}_k^{\mathrm{H}}\boldsymbol{\Lambda}\boldsymbol{n}_k) \tag{6-4}$$

式中：括号内竖线表示在其左边的随机变量的概率分布由其右边的变量 $\boldsymbol{\Lambda}$ 决定。根据式(6－4)所示的噪声模型可知，阵列观测数据的似然函数满足如下多变量高斯分布形式：

$$p(\boldsymbol{Y}|\boldsymbol{s},\boldsymbol{v},\boldsymbol{\Lambda})=\pi^{-NK}|\boldsymbol{\Lambda}|^{K}\operatorname{etr}\{-(\boldsymbol{Y}-\boldsymbol{v}\boldsymbol{s}^{\mathrm{H}})^{\mathrm{H}}\boldsymbol{\Lambda}(\boldsymbol{Y}-\boldsymbol{v}\boldsymbol{s}^{\mathrm{H}})\} \tag{6-5}$$

式中：符号 etr{・}表示对花括号内矩阵的迹进行指数运算。

在应用贝叶斯框架前须首先解决两个问题：①如何选取合适的先验分布；②如何利用有限的计算资源使后验分布边缘化。下面详述笔者的解决方法。首先，笔者引入均值为 $\boldsymbol{W}$、自由度为 ν 的 Wishart 分布作为精度矩阵 $\boldsymbol{\Lambda}$ 的先验分布：

$$p(\boldsymbol{\Lambda})=W(\boldsymbol{\Lambda}|\boldsymbol{W},\nu)\propto|\boldsymbol{\Lambda}|^{\nu-N}\operatorname{etr}\{-\boldsymbol{W}^{-1}\boldsymbol{\Lambda}\} \tag{6-6}$$

至于各信号幅值 $\{s_k\}_{k=1,\cdots,K}$，笔者假设它们独立同分布，且服从如下均值为

0、精度为 δ_s^2 的复高斯分布：

$$p(\boldsymbol{s} \mid \delta_s^2)=\prod_{k=1}^{K}\pi^{-1}\delta_s^2\exp\{-\delta_s^2|s_k|^2\} \tag{6-7}$$

式中：δ_s^2 服从如下共轭伽马先验：

$$p(\delta_s^2)=\mathrm{Gam}(\delta_s^2|a,b)=\frac{1}{\Gamma(a)}b^a(\delta_s^2)^{a-1}\exp(-b\delta_s^2) \tag{6-8}$$

式中：$\Gamma(\cdot)$ 表示伽马函数；$a>0$ 表示形状参数；$b>0$ 表示尺度参数。最后，与文献[28,31]中所采用的思路相似，笔者引入一种特殊的复 Bingham 分布，即复 Watson 分布，以描述期望信号导向矢量 $\boldsymbol{v}$ 的指向性。本章中，笔者将 $\boldsymbol{v}$ 看作单位复球体 $\mathbb{C}\mathscr{S}^N$ 中的一个点，由此可得 $\|\boldsymbol{v}\|=1$，因为任何影响 $\boldsymbol{v}$ 大小的尺度因子均可被包含进 δ_s^{-2} 中：

$$p(\boldsymbol{v})=\mathscr{W}(\boldsymbol{v}|\boldsymbol{\mu},\lambda)=c_p(\lambda)\exp(\lambda|\boldsymbol{\mu}^{\mathrm{H}}\boldsymbol{v}|^2) \tag{6-9}$$

式中：$\boldsymbol{\mu}\in\mathbb{C}\mathscr{S}^N$ 表示单位模值的预设导向矢量；$\lambda\in\mathbf{R}$ 表示聚焦参数。

在式(6-9)中，$c_p(\lambda)$ 为正则化因子，定义为

$$c_p(\lambda)=\frac{(N-1)!}{2\pi_1^N F_1(1,N,\lambda)} \tag{6-10}$$

式中：${}_1F_1(1,N,\lambda)=\sum\limits_{j\geqslant 0}\dfrac{1^{(j)}\lambda^j}{N^{(j)}j!}$ 表示 Kummer 合流超几何函数，$N^{(j)}=\dfrac{\Gamma(N+j)}{\Gamma(N)}=\prod\limits_{k=0}^{j-1}(N+k)$ 表示上升阶乘。文献[31]已详细论证式(6-9)所示分布与$\cos^2\vartheta$ 相关，其中，ϑ 表示向量 $\boldsymbol{v}$ 和 $\boldsymbol{\mu}$ 间的夹角。对任意以 $\boldsymbol{\mu}$ 为轴、以 ϑ 为锥角的圆锥体来说，其内部任一向量 $\boldsymbol{v}$ 的概率密度函数 $p(\boldsymbol{v})$ 为常数。此概率模型与经典的导向矢量误差模型间存在较大差异，聚焦参数 λ 越大，$\boldsymbol{v}$ 和 $\boldsymbol{\mu}$ 之间的夹角越小。

为了方便读者理解，笔者将单位球内，以 $\boldsymbol{\mu}_{\mathrm{true}}=[0,0,1]^{\mathrm{T}}$ 为平均方位向量的 Watson 分布的空域采样点表示于图 6.1 中。由该图不难看出，平均方位 $\boldsymbol{\mu}$ 即该分布的旋转对称轴。若 $\lambda<0$，则该分布的众数处于与轴 $\pm\boldsymbol{\mu}$ 夹角为 90° 的区域；若 $\lambda>0$，则该分布退化为双极性分布，其众数分布在轴 $\pm\boldsymbol{\mu}$ 上；若 $\lambda\to 0$，则该分布退化为均匀分布。在本章中，由于形状统计分析是我们的研究重点，所以笔者仅关注 $\lambda>0$ 的情形。

由于指数分布族包含了 Watson 分布，所以 $\boldsymbol{\mu}$ 和 λ 的共轭先验可表示为

$$p(\boldsymbol{\mu},\lambda)\propto\exp(c\log c_p(\lambda)+\beta_0\lambda|\boldsymbol{m}_0^{\mathrm{H}}\boldsymbol{\mu}|^2) \tag{6-11}$$

其中，$c,\beta_0>0$。笔者选择将 $p(\boldsymbol{\mu},\lambda)$ 分解为如下因子：

$$p(\boldsymbol{\mu},\lambda)=p(\boldsymbol{\mu}|\lambda)p(\lambda) \tag{6-12}$$

因为平均方位和聚焦参数的共轭先验可被表示为这种形式，所以利用上述表达式，可通过观察确定 $p(\boldsymbol{\mu}|\lambda)$ 和 $p(\lambda)$ 的形式。具体来说，$p(\boldsymbol{\mu}|\lambda)$ 服从 Watson 分布，$p(\lambda)$ 服从伽马分布，如下式所示：

$$p(\boldsymbol{\mu},\lambda)=\omega(\boldsymbol{\mu}|\boldsymbol{m}_0,\beta_0\lambda)\mathrm{Gam}(\lambda|a_0,b_0) \tag{6-13}$$

式中：a_0 和 b_0 分别是笔者所定义的新形状参数与尺度参数。

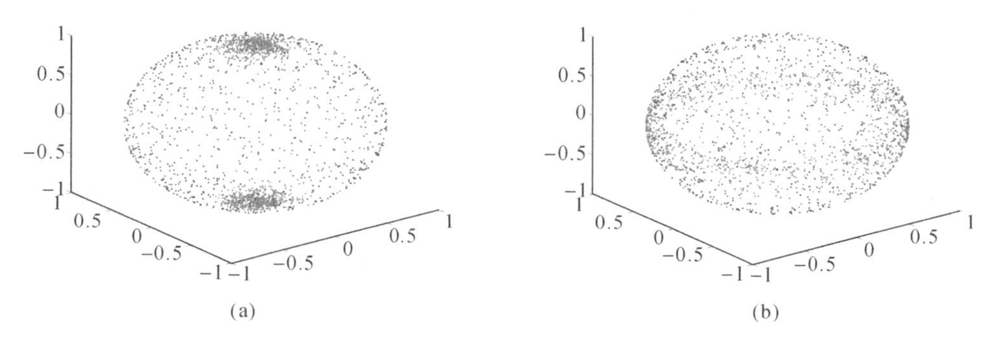

图 6.1 单位球内四种典型 Watson 分布的采样点散布图(蓝点表示 $\lambda=\pm0.1$ 时的 Watson 分布采样值，红点表示 $\lambda=\pm30$ 时的 Watson 分布采样值)

(a)$\lambda>0,\lambda\in\{+0.1,+30\}$；(b)$\lambda<0,\lambda\in\{-0.1,-30\}$

笔者所提出的贝叶斯框架可用如图 6.2 所示的概率图模型清晰地表达出来。

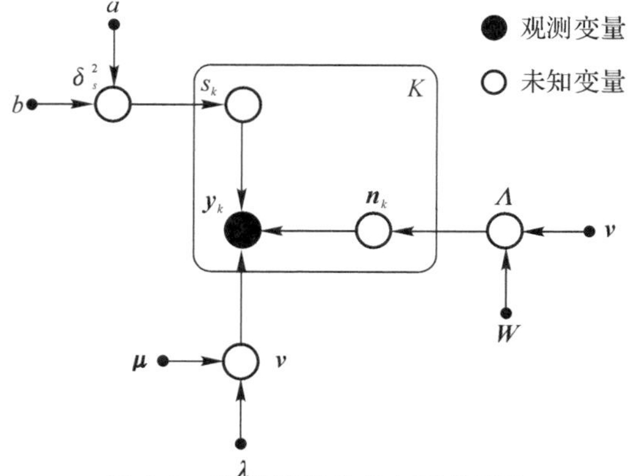

图 6.2 概率模型的有向图表示法

6.3.2　推导模型参数后验分布

根据文献[30]的定义，贝叶斯波束形成器与 MMSE 最优波束形成器等价。在上述贝叶斯模型建立后，s_k 的 MMSE 估计值可表示为如下条件均值：

$$
\begin{aligned}
\hat{s}_k &= E[s_k \mid \boldsymbol{Y}] = \int s_k p(s_k \mid \boldsymbol{Y}) \mathrm{d}s_k \\
&= \int s_k \left[\int p(s_k \mid \boldsymbol{Y},\boldsymbol{v}) p(\boldsymbol{v} \mid \boldsymbol{Y}) \mathrm{d}\boldsymbol{v}\right] \mathrm{d}s_k \\
&= \int p(\boldsymbol{v} \mid \boldsymbol{Y}) \left[\int s_k p(s_k \mid \boldsymbol{Y},\boldsymbol{v}) \mathrm{d}s_k\right] \mathrm{d}\boldsymbol{v} \\
&= \delta_s^{-2} \int \boldsymbol{v}^{\mathrm{H}} (\delta_s^{-2} \boldsymbol{v}\boldsymbol{v}^{\mathrm{H}} + \boldsymbol{\Lambda}^{-1})^{-1} \boldsymbol{y}_k p(\boldsymbol{v} \mid \boldsymbol{Y}) \mathrm{d}\boldsymbol{v} \\
&= \boldsymbol{w}^{\mathrm{H}} \boldsymbol{y}_k
\end{aligned} \tag{6-14}
$$

式(6－14)所示估计器中的权矢量可表示为

$$
\begin{aligned}
\boldsymbol{w} &= \delta_s^{-2} \int p(\boldsymbol{v} \mid \boldsymbol{Y}) \left[\boldsymbol{\Lambda v} - \frac{\boldsymbol{\Lambda v v}^{\mathrm{H}} \boldsymbol{\Lambda v}}{(\delta_s^2 + \boldsymbol{v}^{\mathrm{H}} \boldsymbol{\Lambda v})}\right] \mathrm{d}\boldsymbol{v} \\
&= \delta_s^{-2} \int p(\boldsymbol{v} \mid \boldsymbol{Y}) \frac{\boldsymbol{\Lambda v}}{1 + \delta_s^{-2} \boldsymbol{v}^{\mathrm{H}} \boldsymbol{\Lambda v}} \mathrm{d}\boldsymbol{v} \\
&= \frac{\delta_s^{-2}}{p(\boldsymbol{Y})} \int \frac{\boldsymbol{\Lambda v}}{1 + \delta_s^{-2} \boldsymbol{v}^{\mathrm{H}} \boldsymbol{\Lambda v}} p(\boldsymbol{Y} \mid \boldsymbol{v}) p(\boldsymbol{v}) \mathrm{d}\boldsymbol{v}
\end{aligned} \tag{6-15}
$$

然而，式(6－15)所示的积分结果无法用解析形式表示出来，因此只能采用近似方法计算此积分。首先，笔者计算$\int \frac{\boldsymbol{v}}{1+\delta_s^{-2}\boldsymbol{v}^{\mathrm{H}}\boldsymbol{\Lambda v}} \tilde{p}(\boldsymbol{v}) \mathrm{d}\boldsymbol{v}$，其中，$\tilde{\boldsymbol{p}}(\boldsymbol{v})$ 表示 $\boldsymbol{v}$ 的后验分布。在附录 B 中，笔者已证明此积分的近似计算结果为

$$
\int \frac{\boldsymbol{v}\tilde{p}(\boldsymbol{v}) \mathrm{d}\boldsymbol{v}}{1 + \delta_s^{-2} \boldsymbol{v}^{\mathrm{H}} \boldsymbol{\Lambda v}} \approx \alpha \tilde{E}[\boldsymbol{v}] + \eta \tilde{\boldsymbol{C}}_v \boldsymbol{\Lambda} \tilde{E}[\boldsymbol{v}] \tag{6-16}
$$

式中：$\tilde{E}[\boldsymbol{v}]$表示 $\boldsymbol{v}$ 关于分布 $\tilde{p}$ 的统计均值；$\tilde{\boldsymbol{C}}_v$ 表示相应的协方差矩阵；α 和 η 的取值由 δ_s^{-2}，$\boldsymbol{\Lambda}$，$\tilde{E}[\boldsymbol{v}]$和$\tilde{\boldsymbol{C}}_v$ 共同决定。然而，式(6－16)中所含的后验均值和协方差矩阵仍然难以直接计算，因此必须采用文献[38]所述的方法推断出近似解。根据式(6－16)可得

$$w=\delta_s^{-2}\boldsymbol{\Lambda}\{\alpha\widetilde{E}[\boldsymbol{v}]+\eta\widetilde{\boldsymbol{C}}_v\boldsymbol{\Lambda}\widetilde{E}[\boldsymbol{v}]\}$$
$$=\delta_s^{-2}\{\alpha\boldsymbol{I}_N+\eta\boldsymbol{\Lambda}\widetilde{\boldsymbol{C}}_v\}\boldsymbol{\Lambda}\widetilde{E}[\boldsymbol{v}] \tag{6-17}$$

式(6-17)所示结果由两项组成,第一项表示与不确定度无关的最优波束形成器,第二项与不确定度有关。

笔者现开始估计隐变量 $\boldsymbol{\Theta}=\{\boldsymbol{\mu},\lambda,\boldsymbol{s},\boldsymbol{v},\boldsymbol{\Lambda},\delta_s^2\}$。基于如图 6.2 所示的图模型,可定义如下的联合概率分布:

$$p(\boldsymbol{Y},\boldsymbol{\Theta})$$
$$=\prod_{k=1}^{K}p(\boldsymbol{y}_k|s_k,\boldsymbol{v},\boldsymbol{n}_k)p(\boldsymbol{n}_k|\boldsymbol{\Lambda})p(\boldsymbol{\Lambda})p(s_k|\delta_s^2)p(\delta_s^2)\times$$
$$p(\boldsymbol{v}|\boldsymbol{\mu},\lambda)p(\boldsymbol{\mu}|\lambda)p(\lambda) \tag{6-18}$$

由于边缘分布 $p(\boldsymbol{Y})$ 的计算涉及多维积分,所以得到后验分布 $p(\boldsymbol{\Theta}\mid\boldsymbol{Y})=p(\boldsymbol{\Theta},\boldsymbol{Y})/p(\boldsymbol{Y})$ 的闭式解比较棘手。此问题的解决有赖于计算效率高、估计性能优的变分贝叶斯方法[39]的应用。

变分贝叶斯方法假设联合后验分布可按因子进行分解[40],以最小化近似后验分布与如下未知真实后验分布的 KL 散度:

$$p(\boldsymbol{\Theta}\mid\boldsymbol{Y})\approx q(\boldsymbol{\Theta})\triangleq q(\boldsymbol{s})q(\boldsymbol{\Lambda})q(\delta_s^2)q(\boldsymbol{v}\mid\boldsymbol{\mu},\lambda)q(\boldsymbol{\mu}\mid\lambda)q(\lambda) \tag{6-19}$$

式中,笔者对后验分布做了因子分解,并保留了 $\boldsymbol{\mu}$ 和 λ 间的依赖关系。文献[40]指出,$q(\boldsymbol{\Theta})$ 的最优形式为

$$\ln q^*(\boldsymbol{\Theta}_k)=\langle\ln p(\boldsymbol{Y},\boldsymbol{\Theta})\rangle_{q(\boldsymbol{\Theta}\backslash\Theta_k)}+\text{const} \tag{6-20}$$

式中:$\boldsymbol{\Theta}\backslash\Theta_k$ 表示将 Θ_k 从集合 $\boldsymbol{\Theta}$ 中剔除;$\langle\cdot\rangle_{q(\boldsymbol{\Theta}\backslash\Theta_k)}$ 表示求尖括号内元素关于 $q(\boldsymbol{\Theta}\backslash\Theta_k)$ 的数学期望。根据式(6-20)及前面定义的先验分布,可按如下公式更新隐变量。为简化符号表示,以符号 q 代替最优分布的符号 q^*。

变分算法的设计初衷为最大化对数边缘似然函数的下界,其在数学意义上应是“紧”的,且便于计算。然而,在本章所研究问题中,若要得到上述下界须首先进行棘手的统计矩的计算。例如,计算 $\ln q(\lambda)$ 须首先计算 $\langle\ln{}_1F_1(1,N,\lambda)\rangle$ 和 $\langle\lambda\mid\boldsymbol{\mu}^{\mathrm{H}}\boldsymbol{v}\mid^2\rangle$,而这两个统计期望并无闭式解。为了能得到最优后验分布的变分解,笔者利用泰勒级数展开对变分下界进行松弛使其易于计算。

提取式(6-20)中与 $\boldsymbol{\mu}$ 和 λ 有关的项,并将其余项视为常数,得到

$$\begin{aligned}\ln q(\boldsymbol{\mu},\lambda) &= \langle \ln p(\boldsymbol{v}\mid\boldsymbol{\mu},\lambda)\rangle_{q(\boldsymbol{v})} + \ln p(\boldsymbol{\mu},\lambda) + \text{const} \\ &= -\ln {}_1F_1(1,N,\lambda) + \lambda\boldsymbol{\mu}^{\mathrm{H}}\langle \boldsymbol{v}\boldsymbol{v}^{\mathrm{H}}\rangle\boldsymbol{\mu} - \ln {}_1F_1(1,N,\beta\lambda) + \\ &\quad \beta\lambda\boldsymbol{\mu}^{\mathrm{H}}\boldsymbol{m}\boldsymbol{m}^{\mathrm{H}}\boldsymbol{\mu} + (a_0-1)\ln\lambda - b_0\lambda + \text{const}\end{aligned} \tag{6-21}$$

利用概率乘法准则可将变分后验分布 $q(\boldsymbol{\mu},\lambda)$ 表示为 $q(\boldsymbol{\mu},\lambda)=q(\boldsymbol{\mu}\mid\lambda)q(\lambda)$。从式(6-21)中提取出与 $\boldsymbol{\mu}$ 有关的项，可将 $\ln q(\boldsymbol{\mu}\mid\lambda)$ 表示为

$$\ln q(\boldsymbol{\mu}\mid\lambda) = \lambda\boldsymbol{\mu}^{\mathrm{H}}\langle \boldsymbol{v}\boldsymbol{v}^{\mathrm{H}}\rangle\boldsymbol{\mu} + \beta\lambda\boldsymbol{\mu}^{\mathrm{H}}\boldsymbol{m}\boldsymbol{m}^{\mathrm{H}}\boldsymbol{\mu} + \text{const} \tag{6-22}$$

式(6-22)为如下 Watson 分布的对数形式：

$$q(\boldsymbol{\mu}\mid\lambda) = \mathscr{W}(\boldsymbol{\mu}\mid\hat{\boldsymbol{m}},\hat{\beta}\lambda) \tag{6-23}$$

式中：$\hat{\beta}$ 表示正定矩阵$(\beta\boldsymbol{m}\boldsymbol{m}^{\mathrm{H}}+\langle\boldsymbol{v}\boldsymbol{v}^{\mathrm{H}}\rangle)$的主特征值；$\hat{\boldsymbol{m}}$ 是其对应的特征向量。

同理，因子 $q(\lambda)$ 的最优解为

$$\begin{aligned}\ln q(\lambda) &= \ln q(\mu,\lambda) - \ln q(\mu\mid\lambda) \\ &= (a_0-1)\ln\lambda - b_0\lambda - \ln {}_1H_1(1,N,\lambda) + N\ln\lambda - \\ &\quad \ln {}_1H_1(1,N,\beta\lambda) + N\ln(\beta\lambda) + \ln {}_1F_1(1,N,\hat{\beta}\lambda)\end{aligned} \tag{6-24}$$

式中：${}_1H_1(1,N,\lambda)=\lambda^N {}_1F_1(1,N,\lambda)$；${}_1H_1(1,N,\beta\lambda)=(\beta\lambda)^N {}_1F_1(1,N,\beta\lambda)$。

由于 $\ln {}_1H_1(1,N,\lambda)$，$\ln {}_1H_1(1,N,\beta\lambda)$ 和 $\ln {}_1F_1(1,N,\hat{\beta}\lambda)$ 等难以求解的统计矩的存在，式(6-24)的解析解难以求得。根据文献[41]，可知 ${}_1F_1(1,N,\lambda)$ 是关于 $\ln\lambda$ 的对数凸函数，${}_1H_1(1,N,\lambda)$ 是关于 λ 的对数凹函数，由此可推导出如下下界：

$$\ln {}_1F_1(1,N,\hat{\beta}\lambda) \geqslant \ln {}_1F_1(1,N,\hat{\beta}\bar{\lambda}) + \hat{\beta}\bar{\lambda}\psi(\hat{\beta}\bar{\lambda})(\ln\hat{\beta}\lambda - \ln\hat{\beta}\bar{\lambda}) \tag{6-25}$$

$$\ln {}_1H_1(1,N,\lambda) \leqslant \ln {}_1H_1(1,N,\bar{\lambda}) + \varphi(\bar{\lambda})(\lambda-\bar{\lambda}) \tag{6-26}$$

$$\ln {}_1H_1(1,N,\beta\lambda) \leqslant \ln {}_1H_1(1,N,\beta\bar{\lambda}) + \varphi(\beta\bar{\lambda})(\beta\lambda-\beta\bar{\lambda}) \tag{6-27}$$

式中：$\varphi(\bar{\lambda}) = \dfrac{\partial}{\partial\bar{\lambda}}\ln {}_1H_1(1,N,\bar{\lambda})$；$\psi(\bar{\lambda}) = \dfrac{\partial}{\partial\bar{\lambda}}\ln {}_1F_1(1,N,\bar{\lambda}) = \dfrac{1}{N}\dfrac{{}_1F_1(1+1,N+1,\bar{\lambda})}{{}_1F_1(1,N,\bar{\lambda})}$；$\bar{\lambda}$ 是任取的一参数值。

根据式(6-25)～式(6-27)，可将 $\ln q(\lambda)$ 的下界表示为

$$\ln q(\lambda) \geqslant \ln q(\bar{\lambda}) = (a_0-1)\ln\lambda - b_0\lambda - \ln {}_1H_1(1,N,\bar{\lambda}) - \varphi(\bar{\lambda})(\lambda-\bar{\lambda}) +$$

$$N\ln\lambda-\ln_1 H_1(1,N,\beta\bar{\lambda})-\varphi(\beta\bar{\lambda})(\beta\lambda-\beta\bar{\lambda})+N\ln(\beta\lambda)+\ln_1 F_1(1,N,\hat{\beta}\bar{\lambda})+$$
$$\hat{\beta}\bar{\lambda}\psi(\hat{\beta}\bar{\lambda})(\ln\hat{\beta}\lambda-\ln\hat{\beta}\bar{\lambda}) \tag{6-28}$$

该下界与原函数在点 $\lambda=\bar{\lambda}$ 处相切。图 6.3 为当输入变量取值为 $\{N=10,\beta=\hat{\beta}=a_0=b_0=1\}$ 时，上述下界对原函数的近似效果。由该图所示结果易知，笔者所推导出的下界确实能较好地近似原函数，且切点处的下界值与原函数值相等。

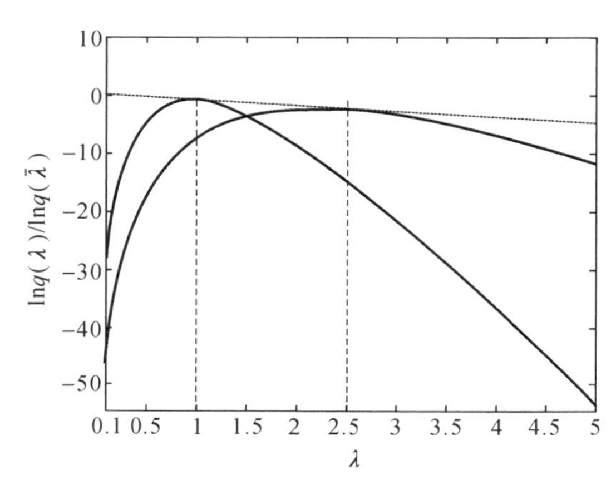

图 6.3　红线表示式(6-24)所示的对数函数，蓝线表示根据式(6-28)计算出的下界的两个实例(绿色虚线对应切点 $\bar{\lambda}$ 的取值，在该点处下界与原函数值相等)

由式(6-28)不难看出 $q(\lambda)$ 服从伽马分布：

$$q(\lambda)=\mathrm{Gam}(\lambda\mid a_1,b_1) \tag{6-29}$$

式中：参数 a_1 和 b_1 可被分别表示为

$$a_1=a_0+2N+\hat{\beta}\bar{\lambda}\psi(\hat{\beta}\bar{\lambda}) \tag{6-30}$$

$$b_1=b_0+\varphi(\bar{\lambda})+\varphi(\beta\bar{\lambda})\beta \tag{6-31}$$

式中：$\bar{\lambda}=a_1/b_1$ 可由上一步的参数估计值计算得到。

再次应用通式(6-20)，仅保留与 $\boldsymbol{s}$ 有关的函数项，可得

$$\begin{aligned}\ln q(\boldsymbol{s})&=\langle\ln p(\boldsymbol{Y}\mid\boldsymbol{s},\boldsymbol{v},\boldsymbol{\Lambda})\rangle_{q(\boldsymbol{v})q(\boldsymbol{\Lambda})}+\langle\ln p(\boldsymbol{s}\mid\delta_s^2)\rangle_{q(\delta_s^2)}+\mathrm{const}\\&=\langle\mathrm{tr}[-\boldsymbol{s}(\boldsymbol{v}^{\mathrm{H}}\boldsymbol{\Lambda}\boldsymbol{v}+\delta_s^2)\boldsymbol{s}^{\mathrm{H}}]\rangle_{q(\boldsymbol{v})q(\boldsymbol{\Lambda})q(\delta_s^2)}+\\&\quad\langle\mathrm{tr}(2\boldsymbol{s}\boldsymbol{v}^{\mathrm{H}}\boldsymbol{\Lambda}\boldsymbol{Y})\rangle_{q(\boldsymbol{v})q(\boldsymbol{\Lambda})}+\mathrm{const}\end{aligned} \tag{6-32}$$

由式(6-32)中二阶项的形式，可知 $q(\boldsymbol{s})$ 服从高斯分布，其均值与精度矩阵

可由凑项法决定：

$$q(\boldsymbol{s})=\mathcal{CN}(\boldsymbol{s}\mid\boldsymbol{\mu}_s,\boldsymbol{\Lambda}_s) \tag{6-33}$$

式中

$$\boldsymbol{\mu}_s=\boldsymbol{\Lambda}_s^{-1}\boldsymbol{Y}^{\mathrm{H}}\langle\boldsymbol{\Lambda}\rangle\langle\boldsymbol{v}\rangle \tag{6-34}$$

$$\boldsymbol{\Lambda}_s=\langle\delta_s^2\rangle\boldsymbol{I}+\mathrm{tr}[\langle\boldsymbol{v}\boldsymbol{v}^{\mathrm{H}}\rangle\langle\boldsymbol{\Lambda}\rangle]\boldsymbol{I} \tag{6-35}$$

现对 $\boldsymbol{v}$ 的后验分布进行近似。首先应注意由于 Watson 先验 $p(\boldsymbol{v})$ 与式(6-5)所示的条件分布不构成共轭分布对，所以后验分布的表达式难以推导。为了避免在计算式(6-20)中正则化参数时涉及的 NP-难的数值积分过程，笔者转而采用文献[42]提出的局域变分算法，即先将期望信号导向矢量的变分后验分布表示为

$$\begin{aligned}\ln q(\boldsymbol{v})&=\langle\ln p(\boldsymbol{Y}\mid\boldsymbol{s},\boldsymbol{v},\boldsymbol{\Lambda})\rangle_{q(s)q(\Lambda)}+\langle\ln p(\boldsymbol{v})\rangle_{q(\mu,\lambda)}+\mathrm{const}\\&=2\boldsymbol{v}^{\mathrm{H}}\langle\boldsymbol{\Lambda}\rangle\boldsymbol{Y}\langle\boldsymbol{s}\rangle-\boldsymbol{v}^{\mathrm{H}}\langle\boldsymbol{\Lambda}\rangle\boldsymbol{v}\langle\boldsymbol{s}^{\mathrm{H}}\boldsymbol{s}\rangle+\langle\lambda\rangle\boldsymbol{v}^{\mathrm{H}}\langle\boldsymbol{\mu}\boldsymbol{\mu}^{\mathrm{H}}\rangle\boldsymbol{v}+\mathrm{const}\end{aligned} \tag{6-36}$$

为了简化公式形式，笔者定义 $\tilde{v}=\boldsymbol{v}^{\mathrm{H}}\langle\boldsymbol{\Lambda}\rangle\boldsymbol{Y}\langle\boldsymbol{s}\rangle$。考虑到 $\tilde{v}$ 是关于变量 $\tilde{v}\tilde{v}^{\mathrm{H}}$ 的凸函数，我们可根据凸对偶理论找到 $\tilde{v}$ 的下界的共轭函数：

$$g(\zeta)=\max_{\tilde{v}\tilde{v}^{\mathrm{H}}}\{\zeta\tilde{v}\tilde{v}^{\mathrm{H}}-2\tilde{v}\} \tag{6-37}$$

最“紧”下界可通过将式(6-37)关于笔者所附加的变分参数 $\tilde{v}$ 优化得到，以 ε 表示 $\tilde{v}$ 的最大值，则我们可通过回代确定共轭函数 $g(\zeta)$ 的形式，即

$$g(\zeta)=\zeta(\varepsilon)\varepsilon\varepsilon^{\mathrm{H}}-2\varepsilon \tag{6-38}$$

式中：$\zeta(\varepsilon)=1/\varepsilon$。根据上述结果可得 $2\tilde{v}$ 的下界为

$$2\tilde{v}\geqslant\zeta(\varepsilon)\tilde{v}\tilde{v}^{\mathrm{H}}-\zeta(\varepsilon)\varepsilon\varepsilon^{\mathrm{H}}+2\varepsilon \tag{6-39}$$

最后，可将式(6-39)代入式(6-36)，可将 $\ln q(\boldsymbol{v})$ 的下界表示为

$$\begin{aligned}\ln q(\boldsymbol{v})\geqslant&\zeta(\varepsilon)\boldsymbol{v}^{\mathrm{H}}\langle\boldsymbol{\Lambda}\rangle\boldsymbol{Y}\langle\boldsymbol{s}\rangle\langle\boldsymbol{s}\rangle^{\mathrm{H}}\boldsymbol{Y}^{\mathrm{H}}\langle\boldsymbol{\Lambda}\rangle\boldsymbol{v}\\&-\boldsymbol{v}^{\mathrm{H}}\langle\boldsymbol{\Lambda}\rangle\langle\boldsymbol{s}^{\mathrm{H}}\boldsymbol{s}\rangle\boldsymbol{v}+\boldsymbol{v}^{\mathrm{H}}\langle\lambda\rangle\langle\boldsymbol{\mu}\boldsymbol{\mu}^{\mathrm{H}}\rangle\boldsymbol{v}+\mathrm{const}\end{aligned} \tag{6-40}$$

式中：所有与 $\boldsymbol{v}$ 无关的项均被包含进正则化常数中。

该下界符合 Watson 分布的对数形式：

$$q(\boldsymbol{v})=\mathcal{W}(\boldsymbol{v}\mid\boldsymbol{\mu}_v,\beta_v\lambda) \tag{6-41}$$

式中：$\boldsymbol{\mu}_v$ 和 β_v 分别表示矩阵 $\langle\boldsymbol{\mu}\boldsymbol{\mu}^{\mathrm{H}}\rangle+\zeta(\varepsilon)\langle\boldsymbol{\Lambda}\rangle\boldsymbol{Y}\langle\boldsymbol{s}\rangle\langle\boldsymbol{s}\rangle^{\mathrm{H}}\boldsymbol{Y}^{\mathrm{H}}\langle\boldsymbol{\Lambda}\rangle/\lambda-\langle\boldsymbol{s}^{\mathrm{H}}\boldsymbol{s}\rangle\langle\boldsymbol{\Lambda}\rangle/\lambda$ 的主特征向量和主特征值，对偶变量 $\zeta(\varepsilon)$ 可根据下式计算：

$$\zeta(\varepsilon)=\frac{1}{\boldsymbol{v}^{\mathrm{H}}\langle\boldsymbol{\Lambda}\rangle\boldsymbol{Y}\langle\boldsymbol{s}\rangle}$$

干扰+噪声精度矩阵 $\boldsymbol{\Lambda}$ 同样可根据式(6-20)进行优化。在忽略与 $\boldsymbol{\Lambda}$ 无关的项后，可得

$$\begin{aligned}\ln q(\boldsymbol{\Lambda}) &= \langle \ln p(\boldsymbol{Y}|\boldsymbol{s},\boldsymbol{v},\boldsymbol{\Lambda})\rangle_{q(s)q(v)} + \ln p(\boldsymbol{\Lambda}) + \text{const} \\ &= (k+\nu-N)\ln|\boldsymbol{\Lambda}| + \langle \mathrm{tr}\{-[\boldsymbol{W}^{-1} + (\boldsymbol{Y}-\boldsymbol{v}\boldsymbol{s}^{\mathrm{H}}) \times \\ &\quad (\boldsymbol{Y}-\boldsymbol{v}\boldsymbol{s}^{\mathrm{H}})^{\mathrm{H}}]\boldsymbol{\Lambda}\}\rangle_{q(s)q(v)} + \text{const}\end{aligned} \tag{6-42}$$

根据式(6－42)所示结果可知 $\boldsymbol{\Lambda}$ 的后验分布为 Wishart 分布：

$$q(\boldsymbol{\Lambda}) = W(\boldsymbol{\Lambda}|\nu_1,\boldsymbol{W}_1) \tag{6-43}$$

式中：自由度和尺度矩阵分别按以下公式计算：

$$\nu_1 = K+\nu \tag{6-44}$$

$$\boldsymbol{W}_1^{-1} = \boldsymbol{W}^{-1} + \boldsymbol{Y}\boldsymbol{Y}^{\mathrm{H}} + \langle \boldsymbol{s}^{\mathrm{H}}\boldsymbol{s}\rangle\langle \boldsymbol{v}\boldsymbol{v}^{\mathrm{H}}\rangle - 2\langle \boldsymbol{v}\rangle\langle \boldsymbol{s}\rangle^{\mathrm{H}}\langle \boldsymbol{Y}\rangle^{\mathrm{H}} \tag{6-45}$$

最后，笔者将 δ_s^2 的后验分布的迭代更新公式表示如下：

$$\begin{aligned}\ln q(\delta_s^2) &= \langle \ln p(\boldsymbol{s} \mid \delta_s^2)\rangle_{q(s)} + \ln p(\delta_s^2) + \text{const} \\ &= (K+a-1)\ln\delta_s^2 - \left(b + \sum_{k=1}^{K}|s_k|^2\right)\delta_s^2 + \text{const}\end{aligned} \tag{6-46}$$

与预期相符，此分布为伽马分布：

$$q(\delta_s^2) = \mathrm{Gam}(\delta_s^2|a_2,b_2) \tag{6-47}$$

其中

$$a_2 = K+a \tag{6-48}$$

$$b_2 = b + \sum_{k=1}^{K}|s_k|^2 \tag{6-49}$$

在合理初始化各隐变量的后验分布后，即可按照前面推导出的公式对这些分布中的参数进行迭代更新。

笔者所提出的基于 Watson 导向矢量误差模型的贝叶斯波束形成算法可被总结于表 6.1 中，其中，笔者采用了文献[43,44]提出的收敛准则，即当迭代次数 $L_{\max}$ 大于预设的最大迭代步数或前、后两步中 $\boldsymbol{v}$ 的相对估计误差小于收敛阈值 Thr 时，迭代过程中止。

表 6.1　算法 1 迭代流程

所提算法 1：抑制平稳干扰的贝叶斯 RAB 算法	
1	初始化先验分布中各参数 $\{\boldsymbol{\Lambda},\upsilon,\boldsymbol{W},\delta_s^2,\boldsymbol{\mu},\boldsymbol{m},\beta,a_0,b_0,\boldsymbol{v}\}$；
2	按公式 $\bar{\lambda}=a_0/b_0$ 计算 $\bar{\lambda}$ 的初值；
3	当 $\lvert\hat{\boldsymbol{v}}^{\langle l+1\rangle}-\hat{\boldsymbol{v}}^{\langle l\rangle}\rvert<\text{Thr}$ 或 $l<L_{\max}$ 时执行以下迭代过程；
4	分别根据式(6－23)、式(6－30)、式(6－31)、式(6－33)和式(6－47)更新 $\boldsymbol{\mu}$，a_1，b_1，$\boldsymbol{s}$ 和 δ_s^2
5	的后验矩；
6	根据公式 $\bar{\lambda}=a_1/b_1$ 计算 $\bar{\lambda}$；

续表

所提算法 1：抑制平稳干扰的贝叶斯 RAB 算法
7　利用公式 $\zeta(\varepsilon)=\dfrac{1}{\boldsymbol{v}^{\mathrm{H}}\langle\boldsymbol{\Lambda}\rangle\boldsymbol{Y}\langle\boldsymbol{s}\rangle}$ 计算对偶变量 $\zeta(\varepsilon)$；
8　利用式(6－41)和式(6－43)分别更新 $\boldsymbol{v}$ 和 $\boldsymbol{\Lambda}$ 的后验分布；
9　$l\leftarrow l+1$；
10　达到收敛；
11　$\hat{\boldsymbol{v}}^{\langle l\rangle}$ 是第 l 步迭代中的估计值；
12 根据以上估计值和式(6－17)计算贝叶斯波束形成权矢量.

6.4　非平稳干扰模型中的扩展

当干扰的运动速度较快时，其所在方位可能会移出波束方向图凹口，这会使得实际零陷偏离理想零陷，因此该情形下我们不能随意设置平滑窗口长度 K。考虑到上述原因，在动态干扰环境中，平滑窗口长度应尽可能短，同时保证此时间段内的干扰环境近似平稳。然而，最优窗口长度只能通过反复试验确定，缺乏明确的指导准则。针对该问题的一个有效的解决思路为对观测数据进行分组，各组数据之间通过统一的概率模型相互关联，最终估计出时间依赖的权矢量。符合上述要求的统计模型即为 DP，其可对隐参数空间进行准确聚类，该性质可被应用于对分割后的观测数据段进行自动分组，使得每段数据遵循相同的统计模式。

首先，笔者给出 DP 概念的直观解释。在贝叶斯推断中，DP 被用来描述概率分布的分布。若对概率空间 $\mathscr{B}$ 中的任意有限测量集 $\{A_1,A_2,\cdots,A_r\}$ 来说，随机向量集合 $\{G(A_1),\cdots,G(A_r)\}$ 服从参数为 $\{\gamma G_0(A_1),\cdots,\gamma G_0(A_r)\}$ 的有限维的狄利克雷分布，则称 G 为正尺度参数为 γ、基分布为 G_0 的 DP。对 DP 中的 K 个独立随机采样点 $\{\boldsymbol{n}_k\}_{k=1,\cdots,K}$ 来说，笔者以如下分层贝叶斯模型详细描述非参数先验：

$$\boldsymbol{n}_k \sim G, k=1,\cdots,K \tag{6-50}$$

$$G \sim \mathrm{DP}(\gamma, G_0) \tag{6-51}$$

笔者进一步将隐含的随机测量 G 进行离散化，在此指导思想下，笔者根据不同的参数值对生成数据进行分类。Ferguson 在文献[45]中阐述了 Kolmogorov 一致性理论，根据此理论，可用混合模型来灵活表征 DP，该模型中随机分量的数目随观测数据的增加而增加。Sethuraman 在文献[46]中给出了 DP 的一种更具体的刻画方法，即以“截棍”模型表征 G，以此体现式(6-51)所示狄利克雷测度的构造过程：

$$G=\sum_{f=1}^{\infty}\omega_f\delta_{\boldsymbol{n}_f^*} \tag{6-52}$$

其中

$$\omega_f=\pi_f\prod_{l=1}^{f-1}(1-\pi_l) \tag{6-53}$$

$$\pi_f\sim\text{Beta}(1,\gamma)\propto\gamma(1-\pi_f)^{\gamma-1} \tag{6-54}$$

式中：$\delta(\cdot)$表示狄拉克冲激函数；G 中的元素以$\boldsymbol{n}_f^*$ 表示，其中 $f=1,\cdots,\infty$。在上述公式中，“截棍权”ω_f 是随机变量，且以概率 1 满足 $\sum_{f=1}^{\infty}\omega_f=1$。实际应用中，通常将上述无限维的表征公式进行截断，以降低依赖于测量数 K 的优化问题的复杂度。

“截棍权”ω_f 的构造过程如下：首先以概率 π_1 对单位长度的“棍子”进行截断，所截取的棍子长度记为 ω_1；然后继续分割剩余的棍子，以得到 ω_2，ω_3 等。上述分割过程表明，截断后剩余的棍子长度与依 Beta$(1,\gamma)$分布所截取部分的长度成正比。根据 Teh 在文献[47]中所述，分层 DP 的截棍构造过程可被用作混合模型聚类操作的先验分布，其中任意一组分类结果中全局随机概率测度与实际模型因子分布的不确定度间的差异由权 ω_f 决定。图 6.4 为 DP 模型的截棍构造方式。

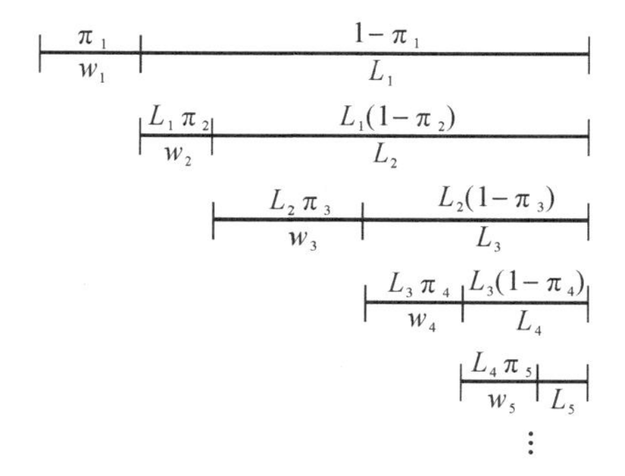

图 6.4 DP 的截棍构造过程图示

笔者所提出的数据分类方法如下所述：从 DP 先验 G 中抽取出隐参数向量 $\boldsymbol{n}_k$，并选择高斯分布作为基测度 G_0，从该测度中，笔者可提取出 f 组中所包含的观测数据$\boldsymbol{y}_k$ 的公有元素$\boldsymbol{n}_f^*$，即

$$\boldsymbol{n}_f^* \sim G_0 = \pi^{-N} \left| \boldsymbol{\Lambda} \right| \exp(-\boldsymbol{n}_f^{*\mathrm{H}} \boldsymbol{\Lambda} \boldsymbol{n}_f^*) \tag{6-55}$$

由于因子$\boldsymbol{n}_k$取值为$\boldsymbol{n}_f^*$的概率为ω_f，所以可用一个从$\{\omega_f\}_{f=1,\cdots,K}$经概率采样得到的指示向量$\boldsymbol{z}_k$表示$\omega_f$：

$$\boldsymbol{z}_k \mid_{\{\omega_f\}_{f=1,\cdots,K}} \sim \mathrm{Mult}(\{\omega_f\}_{f=1,\cdots,K}) = \prod_{f=1}^{K} (\omega_f)^{(\boldsymbol{z}_k)_f} \tag{6-56}$$

据此可从混合模型中抽取出观测量$\boldsymbol{y}_k$，其服从的概率分布为

$$p(\boldsymbol{y}_k \mid s_k, \boldsymbol{v}, \boldsymbol{z}_k, \{\boldsymbol{n}_f^*\}_{f=1,\cdots,K}) = \prod_{f=1}^{K} \{\mathcal{CN}(\boldsymbol{y}_k \mid s_k^* \boldsymbol{v}, \boldsymbol{\Lambda}_{\boldsymbol{z}_k})\}^{1[\boldsymbol{z}_k = f]} \tag{6-57}$$

式中：$1[\boldsymbol{z}_k = f]$表示$\boldsymbol{z}_k$的第f个元素为1，该指示符号暗含将$\boldsymbol{y}_k$归到第f类中；$\boldsymbol{\Lambda}_{\boldsymbol{z}_k}$表示$\boldsymbol{n}_{\boldsymbol{z}_k}^*$的精度矩阵。

笔者对尺度参数γ施加伽马先验，此先验与“棍长”共轭：

$$p(\gamma) = \mathrm{Gam}(\gamma \mid c, d) = \frac{1}{\Gamma(c)} d^c \gamma^{c-1} \exp(-d\gamma) \tag{6-58}$$

根据式(6-6)～式(6-9)与式(6-13)，可绘制出基于截棍表征的分层 DP 的图模型，如图 6.5 所示。

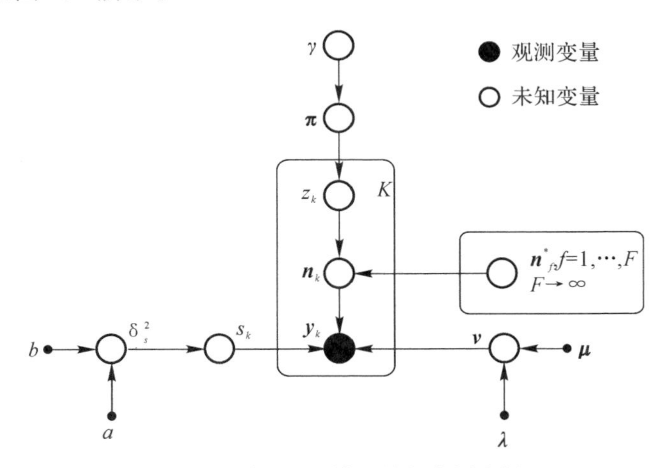

图 6.5　分层 DP 模型的概率图表征

根据式(6-20)，求 KL 散度关于变分参数$\boldsymbol{\Lambda}_f$的最优值，得如下期望：

$$\begin{aligned} \ln q(\boldsymbol{\Lambda}_f) &= \langle \ln \prod_{k=1}^{K} p(\boldsymbol{y}_k \mid s_k, \boldsymbol{v}, \boldsymbol{z}_k = f, \boldsymbol{n}_f^*) p(\boldsymbol{\Lambda}_f) \rangle_{q(\boldsymbol{s})q(\boldsymbol{v})q(\boldsymbol{z}_k)} + \mathrm{const} \\ &= \left[\sum_{k=1}^{K} \langle q(\boldsymbol{z}_k = f) \rangle + \nu - N \right] \ln \left| \boldsymbol{\Lambda}_f \right| \end{aligned}$$

$$+\operatorname{tr}\left\{-\left[\boldsymbol{W}^{-1}+\sum_{k=1}^{K}\langle q(\boldsymbol{z}_k=f)\rangle\langle(\boldsymbol{y}_k-s_k^*\boldsymbol{v})(\boldsymbol{y}_k-s_k^*\boldsymbol{v})^{\mathrm{H}}\rangle\right]\boldsymbol{\Lambda}_f\right\}+\text{const}$$

(6-59)

令$\langle q(\boldsymbol{z}_k=f)\rangle=\phi_{k,f}$，根据式(6-59)可知$\boldsymbol{\Lambda}_f$服从 Wishart 分布：

$$q(\boldsymbol{\Lambda}_f)=W(\boldsymbol{\Lambda}_f|\hat{\nu},\hat{\boldsymbol{W}}) \tag{6-60}$$

其自由度为

$$\hat{\nu}=\nu+\sum_{k=1}^{K}\phi_{k,f} \tag{6-61}$$

协方差矩阵为

$$\hat{\boldsymbol{W}}^{-1}=\boldsymbol{W}^{-1}+\sum_{k=1}^{K}\phi_{k,f}\langle(\boldsymbol{y}_k-s_k^*\boldsymbol{v})(\boldsymbol{y}_k-s_k^*\boldsymbol{v})^{\mathrm{H}}\rangle \tag{6-62}$$

式(6-20)中与$\boldsymbol{\pi}$有关的部分为

$$\begin{aligned}\ln q(\boldsymbol{\pi})&=\langle\ln\left[\prod_{k=1}^{K}p(\boldsymbol{z}_k|\boldsymbol{\pi})\right]p(\boldsymbol{\pi}|\gamma)\rangle\prod_{k=1}^{K}q(\boldsymbol{z}_k)q(\gamma)+\text{const}\\&=\sum_{f=1}^{K-1}\sum_{k=1}^{K}\langle q(\boldsymbol{z}_k=f)\rangle\ln\pi_f+\sum_{f=1}^{K-1}\left[\sum_{k=1}^{K}\langle q(\boldsymbol{z}_k>f)\rangle+\langle\gamma\rangle-1\right]\times\\&\quad\ln(1-\pi_f)+\text{const}\\&=\sum_{f=1}^{K-1}\left(\sum_{k=1}^{K}\phi_{k,f}\right)\ln\pi_f+\sum_{f=1}^{K-1}\left[\sum_{k=1}^{K}\sum_{l=f+1}^{K}\phi_{k,l}+\langle\gamma\rangle-1\right]\ln(1-\pi_f)+\text{const})\end{aligned}$$

(6-63)

其中，$\langle q(\boldsymbol{z}_k>f)\rangle=\sum_{l=f+1}^{K}\phi_{k,l}$，式(6-63)在$q(\pi_K=1)=1$时成立。根据式(6-63)所示结果易知$\pi_f$服从贝塔分布：

$$q(\pi_f)=\text{Beta}(\pi_f|c_f,d_f) \tag{6-64}$$

其中

$$c_f=\sum_{k=1}^{K}\phi_{k,f}+1 \tag{6-65}$$

$$d_f=\sum_{k=1}^{K}\sum_{l=f+1}^{K}\phi_{k,l}+\langle\gamma\rangle \tag{6-66}$$

γ的对数后验可根据下式计算：

$$\begin{aligned}\ln q(\gamma)&=\langle\ln p(\boldsymbol{\pi}|\gamma)p(\gamma)\rangle_{q(\boldsymbol{\pi})}+\text{const}\\&=(c+K-2)\ln\gamma-\left[d-\sum_{f=1}^{K-1}\langle\ln(1-\pi_f)\rangle\right]\gamma+\text{const}\end{aligned}$$

(6-67)

因此 γ 的后验分布的形式为

$$q(\gamma)=\mathrm{Gam}(\gamma|\hat{c},\hat{d}) \tag{6-68}$$

其中

$$\hat{c}=c+K-1 \tag{6-69}$$

$$\hat{d}=d-\sum_{f=1}^{K-1}\langle\ln(1-\pi_f)\rangle \tag{6-70}$$

$\ln(1-\pi_f)$ 的均值可根据下式计算：

$$\langle\ln(1-\pi_f)\rangle=\Psi(d_f)-\Psi(c_f+d_f) \tag{6-71}$$

其中，$\Psi(\cdot)$ 表示双伽马函数。

$q(\boldsymbol{z}_k=f)$ 满足如下关系式：

$$\begin{aligned}&\ln q(\boldsymbol{z}_k=f)=\zeta_{k,f}\\&=\langle\ln p(\boldsymbol{y}_k|s_k,\boldsymbol{v},\boldsymbol{z}_k=f,\boldsymbol{n}_f^*)p(\boldsymbol{z}_k=f|\boldsymbol{\pi})\rangle_{q(s)q(v)q(\Lambda)q(\pi)}+\mathrm{const}\\&\propto\langle\ln|\boldsymbol{\Lambda}_f|\rangle-\mathrm{tr}\langle(\boldsymbol{y}_k-s_k^*\boldsymbol{v})^{\mathrm{H}}\boldsymbol{\Lambda}_f(\boldsymbol{y}_k-s_k^*\boldsymbol{v})\rangle+\langle\ln\pi_f\rangle+\sum_{l=1}^{f-1}\langle\ln(1-\pi_l)\rangle\end{aligned} \tag{6-72}$$

利用 $q(\boldsymbol{z}_k=f)=\phi_{k,f}$ 这一关系式，可知：

$$\phi_{k,f}=\frac{\mathrm{e}^{\zeta_{k,f}}}{\sum_{f=1}^{K}\mathrm{e}^{\zeta_{k,f}}} \tag{6-73}$$

从式(6-20)中提取出与 s_k 有关的项，可得

$$\begin{aligned}\ln q(s_k)&=\langle\ln p(\boldsymbol{y}_k|s_k,\boldsymbol{v},\boldsymbol{z}_k,\{\boldsymbol{n}_f^*\}_{f=1,\cdots,K})p(s_k|\delta_s^2)\rangle_{q(v)q(\Lambda)q(z)q(\delta_s^2)}+\mathrm{const}\\&=2\boldsymbol{y}_k^{\mathrm{H}}\langle\sum_{f=1}^{K}\phi_{k,f}\boldsymbol{\Lambda}_f\rangle\langle\boldsymbol{v}\rangle s_k^*-s_k^{\mathrm{T}}\mathrm{tr}\left\{\left[\sum_{f=1}^{K}\phi_{k,f}\langle\boldsymbol{\Lambda}_f\rangle\right]\langle\boldsymbol{v}\boldsymbol{v}^{\mathrm{H}}\rangle\right\}s_k^*-\langle\delta_s^2\rangle|s_k^2|+\mathrm{const}\end{aligned} \tag{6-74}$$

根据式(6-74)，可知 s_k 服从高斯分布：

$$p(s_k)=\mathcal{CN}(s_k|\mu_{s_k},\Lambda_{s_k}) \tag{6-75}$$

其中

$$\Lambda_{s_k}=\mathrm{tr}\left\{\left[\sum_{f=1}^{K}\phi_{k,f}\langle\boldsymbol{\Lambda}_f\rangle\right]\langle\boldsymbol{v}\boldsymbol{v}^{\mathrm{H}}\rangle\right\}+\langle\delta_s^2\rangle \tag{6-76}$$

$$\mu_{s_k}=\Lambda_{s_k}^{-1}\boldsymbol{y}_k^{\mathrm{H}}\langle\sum_{f=1}^{K}\phi_{k,f}\boldsymbol{\Lambda}_f\rangle\langle\boldsymbol{v}\rangle \tag{6-77}$$

与推导式(6－36)所采用的方法类似，可计算出 $q(\boldsymbol{v})$ 的对数形式为

$$
\begin{aligned}
\ln q(\boldsymbol{v}) = & 2\boldsymbol{v}^{\mathrm{H}}\sum_{k=1}^{K}\sum_{f=1}^{K}\phi_{k,f}\langle s_k^{\mathrm{T}}\rangle\langle\boldsymbol{\Lambda}_f\rangle\boldsymbol{y}_k \\
& -\boldsymbol{v}^{\mathrm{H}}\left[\sum_{k=1}^{K}\sum_{f=1}^{K}\phi_{k,f}\langle s_k^{\mathrm{T}}s_k^{*}\rangle\langle\boldsymbol{\Lambda}_f\rangle\right]\boldsymbol{v}+\langle\lambda\rangle\boldsymbol{v}^{\mathrm{H}}\langle\boldsymbol{\mu}\boldsymbol{\mu}^{\mathrm{H}}\rangle\boldsymbol{v}+\mathrm{const} \\
\geqslant & \zeta(\varepsilon)\boldsymbol{v}^{\mathrm{H}}\left[\sum_{k=1}^{K}\sum_{f=1}^{K}\phi_{k,f}\langle s_k^{\mathrm{T}}\rangle\langle\boldsymbol{\Lambda}_f\rangle\boldsymbol{y}_k\right]\left[\sum_{k=1}^{K}\sum_{f=1}^{K}\phi_{k,f}\langle s_k^{\mathrm{T}}\rangle\langle\boldsymbol{\Lambda}_f\rangle\boldsymbol{y}_k\right]^{\mathrm{H}}\boldsymbol{v} \\
& -\boldsymbol{v}^{\mathrm{H}}\left[\sum_{k=1}^{K}\sum_{f=1}^{K}\phi_{k,f}\langle s_k^{\mathrm{T}}s_k^{*}\rangle\langle\boldsymbol{\Lambda}_f\rangle\right]\boldsymbol{v}+\langle\lambda\rangle\boldsymbol{v}^{\mathrm{H}}\langle\boldsymbol{\mu}\boldsymbol{\mu}^{\mathrm{H}}\rangle\boldsymbol{v}+\mathrm{const}
\end{aligned}
\tag{6-78}
$$

式中：$\zeta(\varepsilon)=1/\tilde{\boldsymbol{v}}$，$\tilde{\boldsymbol{v}}=\boldsymbol{v}^{\mathrm{H}}\sum_{k=1}^{K}\sum_{f=1}^{K}\phi_{k,f}\langle s_k^{\mathrm{T}}\rangle\langle\boldsymbol{\Lambda}_f\rangle\boldsymbol{y}_k$。

由式(6－78)可知，$\boldsymbol{v}$ 的后验分布的数学形式为

$$
q(\boldsymbol{v})=\mathscr{W}(\boldsymbol{v}\,|\,\hat{\boldsymbol{\mu}}_v,\hat{\beta}_v\lambda)
\tag{6-79}
$$

式中：$\hat{\beta}_v$ 是矩阵 $\langle\boldsymbol{\mu}\boldsymbol{\mu}^{\mathrm{H}}\rangle+\zeta(\varepsilon)\left[\sum_{k=1}^{K}\sum_{f=1}^{K}\phi_{k,f}\langle s_k^{\mathrm{T}}\rangle\langle\boldsymbol{\Lambda}_f\rangle\boldsymbol{y}_k\right]\left[\sum_{k=1}^{K}\sum_{f=1}^{K}\phi_{k,f}\langle s_k^{\mathrm{T}}\rangle\langle\boldsymbol{\Lambda}_f\rangle\boldsymbol{y}_k\right]^{\mathrm{H}}/\lambda-\sum_{k=1}^{K}\sum_{f=1}^{K}\phi_{k,f}\langle s_k^{\mathrm{T}}s_k^{*}\rangle\langle\boldsymbol{\Lambda}_f\rangle/\lambda$ 的最大特征值；$\hat{\boldsymbol{\mu}}_v$ 是对应的特征向量。

变量 $\boldsymbol{\mu}$，λ 和 δ_s^2 的更新方式与 6.3.2 节相同，这里不再赘述。笔者所提推断算法通过循环迭代使得对数似然函数最大化，见表 6.2。

表 6.2　算法 2 迭代流程

所提算法 2：抑制非平稳干扰的贝叶斯 RAB 算法	
1	初始化先验分布中各参数；
2	当 $\lvert\hat{\boldsymbol{v}}^{\langle l+1\rangle}-\hat{\boldsymbol{v}}^{\langle l\rangle}\rvert<\mathrm{Thr}$ 或 $l<L_{\max}$ 时执行以下迭代过程：
3	分别从式(6－64)、式(6－60)、式(6－72)和式(6－68)所示的概率分布中获得棍长 π_f、
4	元素精度矩阵 $\boldsymbol{\Lambda}_f$、分类标识 $\boldsymbol{z}_k$ 和尺度参数 γ 的估计值；
5	分别根据式(6－75)和式(6－79)更新 s_k 和 $\boldsymbol{v}$；
6	分别根据式(6－23)、式(6－29)和式(6－47)更新 $\boldsymbol{\mu}$，λ 和 δ_s^2 的后验分布；
7	$l\leftarrow l+1$；
8	满足收敛条件；
9	$\hat{\boldsymbol{v}}^{\langle l\rangle}$ 是第 l 步迭代中的估计值；
10	根据以上估计值和式(6－17)计算贝叶斯波束形成权矢量.

6.5 讨　　论

6.5.1 与现有工作的联系

尽管已有部分文献[29，30]讨论了贝叶斯波束形成器的设计方法，但这些算法仅在特殊非理想信号环境或运算资源充裕等限定情形下适用。据笔者所知，这些算法可被认为是当精确的DOA信息难以获取时，期望信号波形的一种估计手段。在合适的统计假设与近似条件下，应用上述算法所设计出的贝叶斯波束形成器可近似为一组带指向的维纳滤波器的叠加，其中加权系数由DOA的后验分布决定。如前所述，上述算法仅在特殊导向矢量误差情形(如DOA误差)下才能达到设计性能，因此并不能应用于任意阵列误差环境中。实际中，当阵列误差由通道不一致决定时，我们并不能确定DOA误差的具体结构形式。换言之，现有算法均假设导向矢量误差服从高斯分布，这与导向矢量位于单位球内这一实际统计模型不符。近年来部分文献[28,31]已分析了传统贝叶斯波束形成算法在揭示实际单位球先验模型方面的不足，这些缺陷促使我们寻求表征带指向信号的单位球统计结构特性的有效手段。笔者于本章中所采用的Watson先验模型是文献[28,31]中所采用的Bingham模型的特例，因此当导向矢量位于以$\boldsymbol{\mu}$为轴、以$\boldsymbol{v}$和$\boldsymbol{\mu}$的夹角为张角的圆锥内时，$\boldsymbol{v}$的模值恒定，这与实际观测模型吻合。鉴于工程应用中对算法实时性的要求，笔者提出的波束形成算法大大降低了文献[28,31]在推断后验分布时由吉布斯概率采样操作带来的高运算复杂度。现有文献已证明笔者所采用的变分框架能够解决Watson分布正则因子计算公式中各统计矩难以推断的问题，该问题常在求解病态优化问题中出现，笔者所提算法为解决此问题提供了一种有效手段。此外，与文献[28,31]中所采用的通过不断调试用户参数以逼近最优解的思路不同，笔者所提算法可在迭代过程中自适应估计所有模型参数和信号系数。

由于高增益天线的性能优势在非平稳干扰环境中无法得到较好发挥，所以如何应对运动干扰的挑战已成为一个无法回避的问题。一个可行的解决思路为文献[21－26]提出的人为加宽干扰方位处的波束图凹陷的方法，CMT和DDCs即是应用此思路的两种典型算法。然而，这两种算法是为达到某特定目的而提出的临时解决方案，因此当干扰运动速度较快时，上述两种算法的实际性能难以预估。有别于文献[21－26]所采用的假设模型，笔者提出一种利用类别先验以阐明观测数据间依赖关系的新模型，并利用 DP 描述每一类数据的结构特征，在此基础上笔者又利用变分贝叶斯迭代算法推断出后验分布的解析解。与现有算法所采用的非平稳干扰模型相比，笔者所提算法能基于分层贝叶斯模型自适应估计分类数目、各类数据尺寸等实际应用中难以获取的用户参数，这也是该算法的优势所在。

6.5.2 运算复杂度分析

现简要分析所提贝叶斯波束形成器的运算复杂度。单次迭代中，所提算法 1 的主要运算量集中在式(6－23)中 $\boldsymbol{\mu}$ 和式(6－41)中 $\boldsymbol{v}$ 的估计上，这两个估计过程均涉及 $N\times N$ 维矩阵的特征分解，因此所消耗的运算资源在 $O(N^3)$ 量级。所提算法 2 在单次迭代中的运算复杂度由式(6－23)中 $\boldsymbol{\mu}$ 和式(6－79)中 $\boldsymbol{v}$ 的估计过程所决定，所需运算量均为 $O(N^3)$，因此算法 2 的运算复杂度与算法 1 相当。

笔者通过多次仿真实验发现，所提算法达到收敛所需的迭代步数较少。此外，笔者需指出，现有的运算复杂度较高的基于概率采样的贝叶斯波束形成算法的收敛特性还没有精确的理论分析结果。

6.6 算法验证

本节中，笔者将通过仿真和实验结果验证所提贝叶斯波束形成算法的有效性。

6.6.1 仿真结果

考虑 10 阵元半波长间距布阵的 ULA。在所有仿真实例中，阵列接收噪声为零均值、单位方差的空时白高斯噪声。除非特别说明，仿真实验中所设的信源数目为 3，信号波形服从零均值的复高斯分布，且两个等能量干扰的干噪比(Interference-to-Noise Ratio，INR)均为 30 dB。期望信号的预设 DOA 为 5°，两干扰的 DOA 分别为 30°和 50°。此外，笔者在下列仿真实验中还考虑了阵列几何结构误差的影响，各阵元的位置误差在区间[-0.05λ，0.05λ]内随机选取。

蒙特卡洛实验次数设为 100。

1. 静止干扰环境

分以下几种典型情形分析：

(1)期望信号导向矢量失配由 DOA 估计误差引起，误差范围为 $[-3°, 3°]$。

(2)期望信号导向矢量失配由相干局域散射引起，在此误差模型下，实际导向矢量可被表示为 $\boldsymbol{v}=\hat{\boldsymbol{v}}+\sum_{i=1}^{4} e^{j\eta_i}\boldsymbol{a}(\theta_i)$，其中，$\boldsymbol{a}(\theta_i)$，$i=1,2,3,4$ 表示四个相干散射路径，其数学模型如式(6-2)所示，各散射路径的相位以 η_i，$i=1,2,3,4$ 表示。在单次蒙特卡洛实验中，信号角度从均值为 3°、标准差为 1°的高斯分布中随机抽取，且保持不变。与此同时，参数 $\{\eta_i\}$ 在每次蒙特卡洛实验中从区间 $[0,2\pi]$ 中随机抽取。

(3)在情形 1 中加入一个 DOA 为 11°、INR=30 dB 的主瓣干扰。

(4)干扰模型的设置方式与前述情形一致，但令期望信号的实际到达角从 $\theta=-1°$ 到 $\theta=11°$ 变动。换言之，期望信号的最大 DOA 偏差为 6°。与情形 1 相比，期望信号的 DOA 误差增大了 1 倍。

在每一种情形中，笔者比较了 6 种波束形成算法(即所提算法 1、最差性能优化算法[15]、文献[29]所提贝叶斯算法、文献[31]所提贝叶斯算法、文献[16]所提 RAB 算法以及文献[19]所提 SPSS-INC 算法)的输出 SINR，并与公式 $\delta_s^{-2}\boldsymbol{v}^{H}\boldsymbol{R}_{i+n}^{-1}\boldsymbol{v}$ 所定义的最优 SINR 对比。此外，情形 4 中还加入了 MVDR 算法的仿真结果做性能对比。

每一种情形的仿真结果用两幅图像表示。图 6.6、图 6.8 和图 6.10 比较了 $K=50$ 时，上述算法在情形 1～3 下的输出 SINR 随输入 SNR 的变化情况。若将 SNR 固定为 20 dB，则各算法输出 SINR 随快拍数的变化情况如图 6.7、图 6.9 和图 6.11 所示。当快拍数固定为 50 时，图 6.12 和图 6.13 分别给出了 SNR=0 dB 和 SNR=20 dB 时，各测试算法的输出 SINR 随角度间隔的变化情况。根据仿真结果，可总结出如下结论。

由图 6.6 所示结果可知，在低 SNR 环境中，各算法的性能差异不大。虽然所提变分算法和文献[31]所述的概率采样算法在所采用的统计模型上具有相似性，但根据仿真结果不难看出所提算法性能仍稍差于文献[31]所提算法，这是因为笔者对真实后验分布进行了近似，以平衡求解精度与效率。尽管吉布斯采样法能提供理论最优的求解精度，但该算法收敛速度较慢，且收敛终止条件较难判定，因此该算法在大数据环境中难以应用。此外，概率采样方法在实际应用中还面临着先验模型超参数如何选取的难题。若超参数选取不当，则算法会收敛至局部极大点，进而影响对数边缘似然函数的“紧”上界的获得。为解决此问题，我们可重复运行采样算法的 burn-in 部分，直到边缘似然函数的最优界达到时再确定超参数值。与现有的基于分层贝叶斯模型的概率采样算法不同，笔者无须反复调试用户参数以获得所提算法的最优性能，这是因为所提算法对难以计算的后验分布作了数学近似，在规避选取用户参数的同时大大节省了运算资源。仿真结果还表明，文献[29]所提贝叶斯波束形成算法在高输入 SNR 环境中的输出 SINR 下降严重，这是因为该算法基于含有期望信号分量的采样协方差矩阵而非理想 INC 矩阵计算自适应权值，所以随 SNR 升高，算法会将期望信号当作干扰抑制掉。如前所述，由于所提算法 1 针对 DOA 失配情形做了特化，所以尽管在低 SNR 环境中接收数据中的期望信号能量已被大幅削弱，但所提算法 1 的性能仍优于文献[29]所提贝叶斯算法。最差性能优化算法在高 SNR 下性能损失严重，原因仍是前面提到的观测数据中期望信号占比逐渐增强。同时笔者观察到，当期望信号 SNR 较高时，SPSS - INC 波束形成器性能退化，笔者推测的原因为该算法无法应对阵元位置误差这一非理想信号环境。最后笔者须指出，由于如前所述信号自消效应的存在，文献[16]所提 RAB 算法的性能在高 SNR 下严重恶化。图 6.7 所示的仿真结果再次验证了图 6.6 的分析结论，并且我们注意到笔者所提变分算法与文献[31]所提概率采样算法的性能相当。由图 6.7 所示结果还可分析得到一结论，即所提波束形成算法对 DOA 失配和采样数不足效应均稳健。

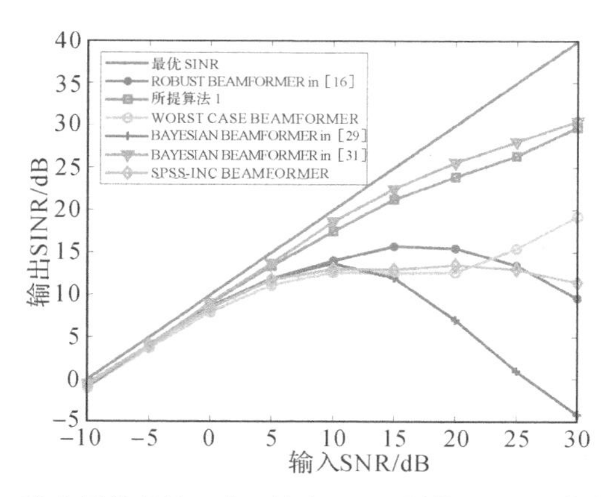

图 6.6　静止干扰环境 1 中，输出 SINR 随输入 SNR 的变化情况

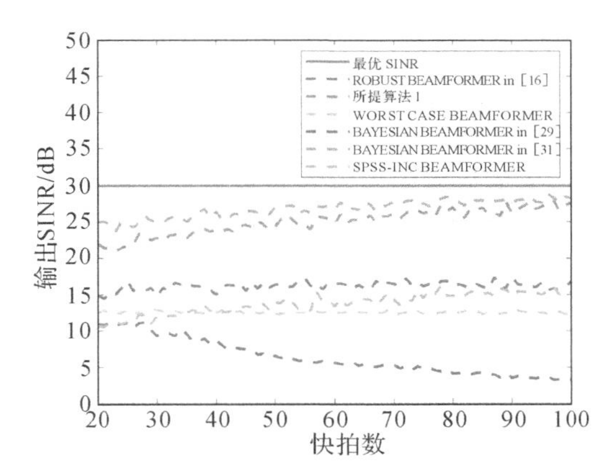

图 6.7　静止干扰环境 1 中，输出 SINR 随快拍数的变化情况

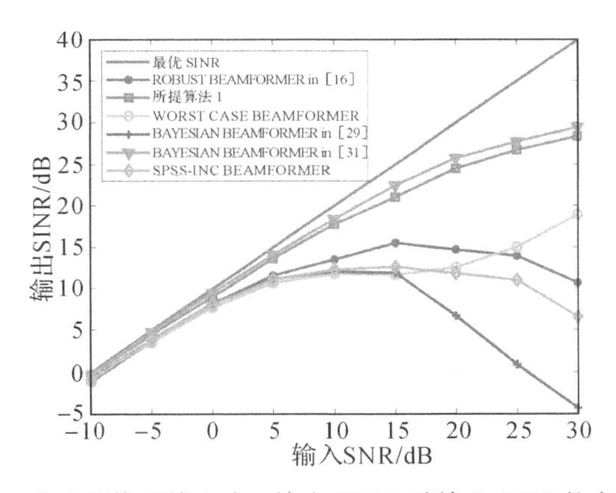

图 6.8　静止干扰环境 2 中，输出 SINR 随输入 SNR 的变化情况

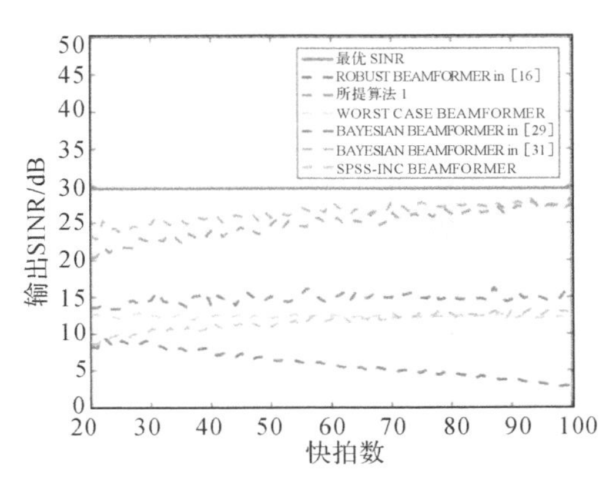

图 6.9　静止干扰环境 2 中，输出 SINR 随快拍数的变化情况

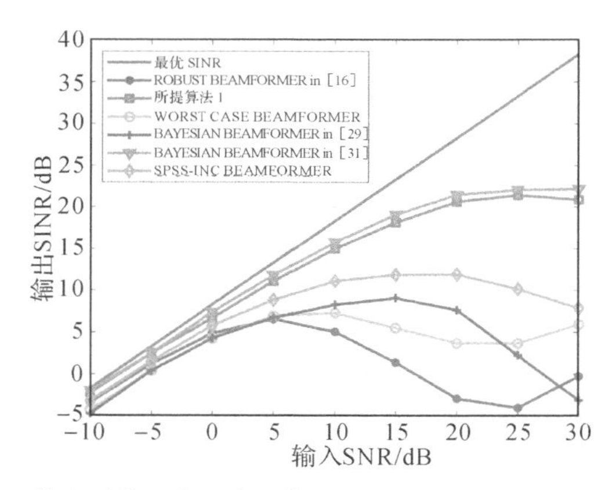

图 6.10　静止干扰环境 3 中，输出 SINR 随输入 SNR 的变化情况

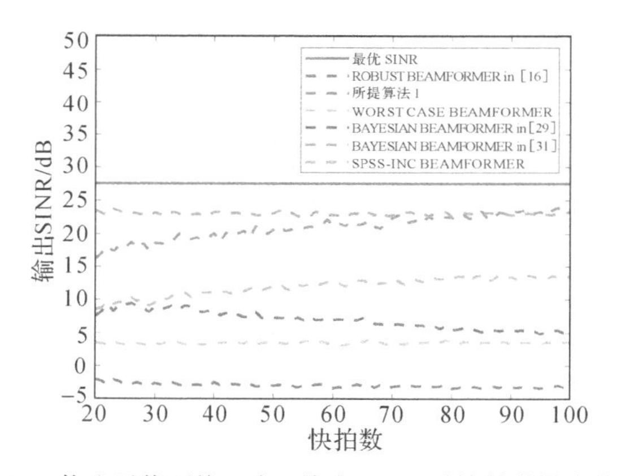

图 6.11　静止干扰环境 3 中，输出 SINR 随快拍数的变化情况

图 6.8 证实了笔者所提算法与文献[31]所提算法在不同 SNR 环境下的优异性能。仿真结果还表明变分贝叶斯算法与概率采样贝叶斯算法的 SINR 曲线在高 SNR 环境中会偏离最优 SINR 曲线。这是因为当阵列接收数据中的期望信号分量占主导地位时，这两种算法对模型参数的估计精度较敏感。仿真结果还表明，当 SNR 增高时，其他波束形成算法趋向于抑制强期望信号，以使得总输出能量最小。上述结果表明 RAB 算法性能受信号参数估计精度的影响较大。当期望信号 SNR 接近 INR 时，阵列输出 SINR 会明显下降，对这一现象的解释如下：当 INR 接近 SNR 时，自适应波束形成器误将期望信号当成干扰抑制掉。图 6.9 所示仿真结果再次验证了所提算法 1 相比其他算法展现出的优越性能。

下面评估当干扰方位接近期望信号方位时各算法的性能。图 6.10 所示仿真结果表明，笔者所提算法与文献[31]所提贝叶斯算法的性能受主瓣干扰的影响较小，其余算法则不然，原因为这些算法会将邻近干扰的期望信号抑制掉。实际上，干扰位于期望信号 DOA 不确定集这一先验信息已违反了推导这些算法的假设前提，给识别干扰与期望信号带来困难，而这会导致这些算法将凹口对准期望信号而非主瓣干扰。图 6.11 所示仿真结果也证明了所提算法在抑制主瓣干扰与克服维数灾难等方面具有的性能优势。

各算法对角度偏差的稳健性可被总结如下。观察图 6.12 和图 6.13 所示仿真结果不难看出传统 MVDR 算法对期望信号 DOA 失配敏感，SNR 越高，算法性能所受影响越严重。除 MVDR 算法外，其余算法的输出 SINR 受角度失配效应的影响较小。我们再次观察到，笔者所提算法与文献[31]所提算法的性能相当，均优于其他算法。我们还观察到，尽管最差性能优化 RAB 算法在角度偏差较小时性能较好，但与所提算法 1 相比，当角度偏差较大时，该算法性能下降严重，这是因为该算法是通过增大期望信号的 DOA 不确定集来增强对角度偏差的稳健性的，而这会削弱算法的干扰抑制能力。与之相比，所提算法 1 是基于精确的统计模型来迭代估计期望信号的导向矢量，该导向矢量修正过程并不会对干扰抑制性能产生影响。本例仿真结果也证实了除所提算法 1 与文献[31]所述算法外的其他算法在阵元位置误差存在时的性能劣势。

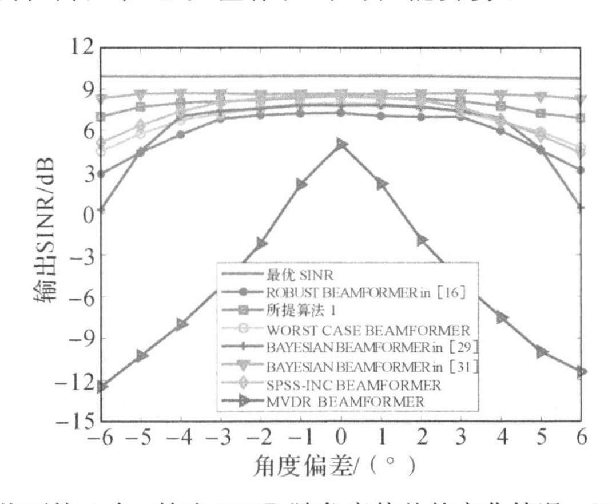

图 6.12　静止干扰环境 4 中，输出 SINR 随角度偏差的变化情况，SNR＝0 dB，$K=50$

2. 运动干扰环境

下面检验各算法对运动干扰的抑制能力，阵列结构仍为前面仿真中使用的

ULA,两干扰的时变方位以 $\theta_1(k)=30°+0.1°k$ 和 $\theta_2(k)=60°-0.1°k$ 表示,两干扰的 INR 均设为 30 dB,期望信号的预设方位值为 5°,实际方位为此值与扰动量的叠加。不失一般性,笔者设加性噪声为高斯噪声,阵元位置误差的取值范围为 $\pm5\%\times\lambda$。在运动干扰环境中,由于 INC 矩阵 $\boldsymbol{R}_{i+n}$ 是时间依赖的,所以 SINR 的计算公式应修改为 $\mathrm{SINR}(k)=\delta_s^{-2}\mid\boldsymbol{w}_k^{\mathrm{H}}\boldsymbol{v}\mid^2/\boldsymbol{w}_k^{\mathrm{H}}\boldsymbol{R}_{i+n}(k)\boldsymbol{w}_k$,此外,将最优权矢量的表达式 $\boldsymbol{w}_{\mathrm{opt}}(k)=\boldsymbol{R}_{i+n}^{-1}(k)\boldsymbol{v}$ 代入上式即可计算出最优 SINR。在本例中,笔者将所提算法 2 与下列波束形成算法的输出 SINR 作对比,即文献[21]提出的 CMT 算法、文献[23]提出的 LSMI 算法、文献[23]提出的 EP 算法、文献[25]所提算法以及文献[26]所提算法。笔者分两种情况考虑期望信号导向矢量的失配情形,即随机 DOA 误差和相干局域散射。笔者设定的平滑窗口长度为 10,其余仿真参数设置为与静止干扰环境相同的数值。在评估 RAB 算法性能随快拍数的变化情况时,笔者将 SNR 固定为 20 dB。在评估 RAB 算法性能随输入 SNR 的变化情况时,笔者将快拍数 K 固定为 50。图 6.14 和图 6.15 比较了各算法在第一种典型情形下的输出 SINR,图 6.16 和图 6.17 比较了各算法在第二种典型情形下的输出 SINR。蒙特卡洛实验次数设为 100。

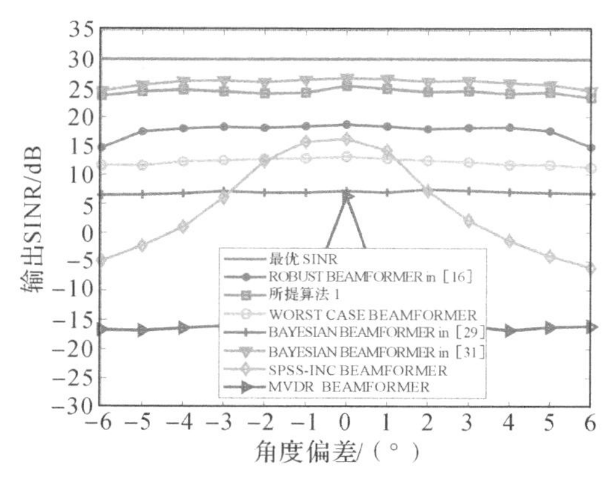

图 6.13 静止干扰环境 4 中,输出 SINR 随角度偏差的变化情况,SNR=20 dB,$K=50$

观察仿真结果可知,所提波束形成算法的性能优于包括文献[21]所提 CMT 算法在内的其他算法,这是由于其他对比算法未能准确估计出 INC 矩阵,以致在干扰方位处未能形成凹槽。由仿真结果还可看出,CMT 算法的性能优于稳健 LSMI 算法的性能,原因如下:稳健 LSMI 算法中应用的导数限制条件虽然在运动干扰可能出现的方位形成了宽凹槽,避免了凹口偏离干扰方位的情形出现,但这些约束条件会损耗系统的可利用自由度,进而使得算法性能退化。图 6.14~图 6.17 所示结果还表明,文献[25,26]所提算法在运动干扰环境中的性能劣于平稳干扰环境下的性能，这是因为任何采样协方差矩阵与理想 INC 矩阵间的微小差异均会使得波束形成器的干扰抑制能力下降，进而淹没掉期望信号。与所提算法相比，稳健 EP 算法在低 SNR 和小快拍数下均有严重的性能损失，其原因为该算法对采样协方差矩阵采用的特征分解操作在上述信号环境中会出现子空间混叠现象。此外，我们还可观察到，在所有检验环境下，所提算法的性能始终最贴近最优 SINR 曲线，原因如下：笔者所提算法在计算自适应权时已将期望信号从观测数据中剔除，并通过自动聚类过程合理利用干扰的运动信息，因而更适合在运动干扰环境中实现稳定的波束输出。

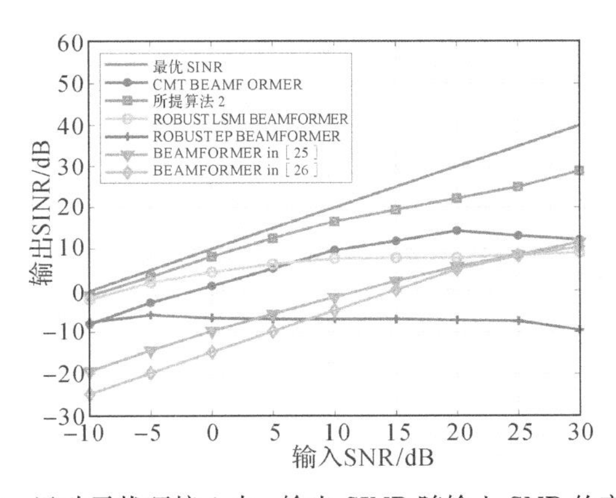

图 6.14　运动干扰环境 1 中，输出 SINR 随输入 SNR 的变化情况

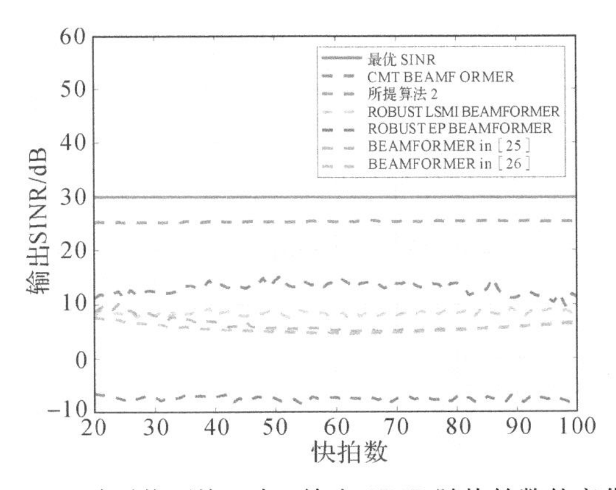

图 6.15　运动干扰环境 1 中，输出 SINR 随快拍数的变化情况

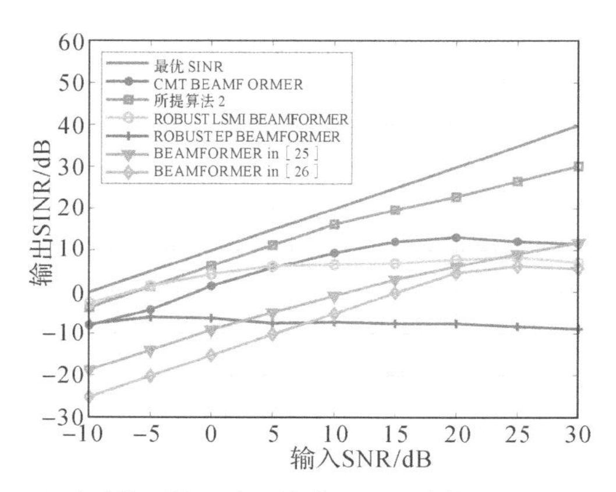

图 6.16　运动干扰环境 2 中，输出 SINR 随输入 SNR 的变化情况

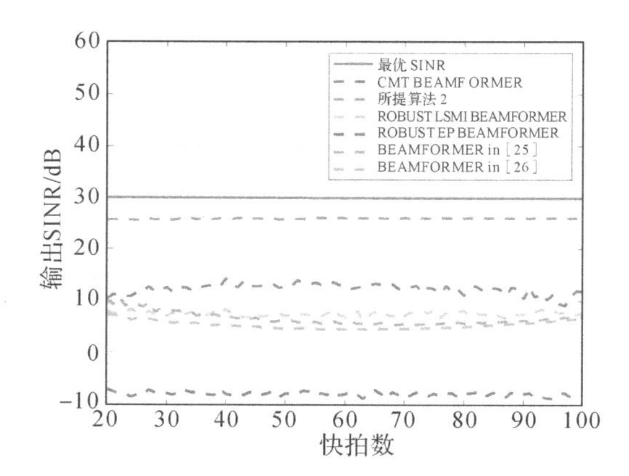

图 6.17　运动干扰环境 2 中，输出 SINR 随快拍数的变化情况

6.6.2　实验结果

下面，笔者利用实测数据检验所提算法与现有算法的性能。实验地点选在夏季的中国南海，数据接收装置为航船拖曳的 32 阵元 ULA(阵元间距为 1.5 m)，阵列吊放深度为 20 m。远场固定声源的频率为 400 Hz，入射方位为 90°。接收机的采样频率为 5 000 Hz，并级联带宽为 400 Hz 的带通滤波器。在输出的宽带信号中，笔者以 4 s 为间隔抽取采样信号，以生成带宽为 100 Hz 的窄带快拍数据。笔者选取的观测时长为 9 min，对应的快拍数为 135。在此实验中，笔者将非合作航船的辐射噪声当成运动干扰信号。图 6.18 为应用笔者于文献[41]中提出的贝叶斯测向算法得到的时间-方位历程图，需要注意的是，每个采

样时刻的声源运动轨迹由提取文献[42]算法空间谱的峰值点绘制而成。为显著区分期望信号方位与干扰方位，将期望信号的预设方位选为 5°，因此阵列的所有接收信号均可被视为干扰。根据如上假设，我们可以波束输出功率 $|\boldsymbol{w}_k^{\mathrm{H}}\boldsymbol{y}_k|^2$ 作为波束形成器的残留干扰与噪声功率，以此评价波束形成器的干扰抑制性能。换言之，输出 SINR 越高，瞬时的干扰＋噪声功率与期望信号功率的比值(即 $|\boldsymbol{w}_k^{\mathrm{H}}\boldsymbol{y}_k|^2$)越低。在处理实验数据时，数据平滑窗口长度为 10。在图 6.19 中，笔者将所提算法的输出功率 $|\boldsymbol{w}_k^{\mathrm{H}}\boldsymbol{y}_k|^2$ 与图 6.14～图 6.17 出现的其他算法的输出功率作对比，绘制它们随采样时刻的变化曲线，并将文献[25]所提 RAB 算法的 SINR 曲线的最大值归一化为 0 dB。实测数据的处理结果与仿真结果类似，再次证明了笔者所提算法的有效性。

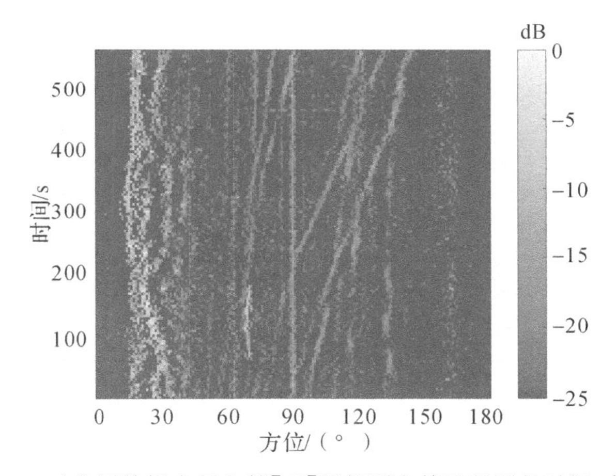

图 6.18　对实测数据应用文献[42]所提测向算法得到的时间-方位图

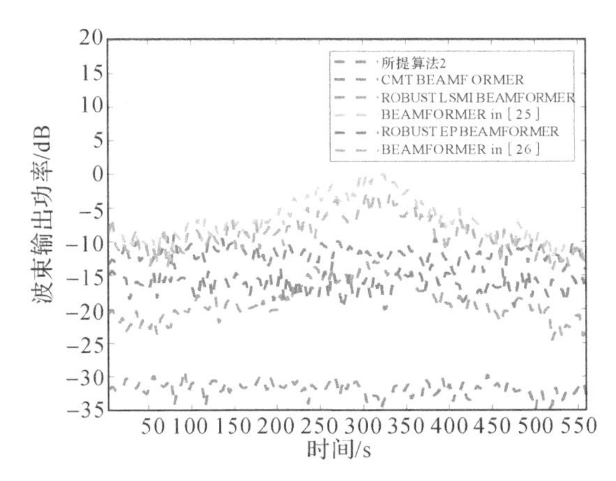

图 6.19　实测数据的波束输出功率随采样时刻的变化图

6.7 本章小结

在本章中，笔者在继承现有贝叶斯波束形成算法的良好干扰抑制能力的同时，研究了其低运算复杂度实现形式及运动干扰环境下的扩展形式。笔者利用改进的贝叶斯框架表征 RAB 问题，即重新设计现有贝叶斯波束形成器的先验模型，以精确估计期望信号波形，并将该估计过程与标准 MMSE 准则结合起来，最终通过快速求解算法得到自适应权的表达式。笔者通过对难以求解的后验分布进行确定性近似，使其与先验分布构成共轭分布对，以克服传统吉布斯采样方法运算复杂度高的问题。虽然笔者所提算法没有吉布斯采样法估计精度高，但不失为兼顾计算精度与效率的一种较好的折中方案。笔者随后将所提先验模型进行扩展，以适用于工程应用中关注较多的运动干扰环境。笔者对隐参数空间施加 DP 先验，以精确表征干扰的时变 DOA 信息，并进而对阵列数据实现自动聚类。笔者所提算法相比传统算法所具有的性能优势已通过仿真和浅海声呐实测数据得以验证。

6.8 本章参考文献

[1] VAN TREES H L. Optimum array processing, part Ⅳ of detection, estimation and modulation theory[M]. Hoboken: Wiley, 2002.

[2] GERSHMAN A B, SIDIROPOULOS N D, SHAHBAZPANAHI S, et al. Convex optimization-based beamforming[J]. IEEE Signal Process. Mag.,2010, 27 (3):62 - 75.

[3] LIAO B, CHAN S C, TSUI K M. Recursive steering vector estimation and adaptivebeamforming under uncertainties[J]. IEEE Trans. Areosp. Electron. Syst.,2013,49 (1):489 - 501.

[4] WANG X, ZHAI W,GRECO M S, et al. Cognitive sparse beamformer

design in dynamic environment via regularized switching network[J]. IEEE Trans. Aerosp. Electron. Syst. ,2023,59 (2):1816 - 1833.

[5] ZHAI W, WANG X, CAO X,et al. Reinforcement learning based dual-functional massive MIMO systems for multi-target detection and communications[J]. IEEE Trans. Signal Process. ,2023, 71:741 - 755.

[6] CAPON J. High-resolution frequency-wavenumber spectrum analysis [J]. Proc. IEEE,1969, 57 (8):1408 - 1418.

[7] VOROBYOV S A. Principles of minimum variance robust adaptive beamforming design[J]. Signal Process. ,2013, 93 (12):3264 - 3277.

[8] JABLON N K. Adaptive beamforming with the generalized sidelobe canceller in the presence of array imperfections[J]. IEEE Trans. Antennas Propagat. ,1986, 34 (8):996 - 1012.

[9] CHEN C Y, VAIDYANATHAN P. Quadratically constrained beamforming robust against direction-of-arrival mismatch[J]. IEEE Trans. Signal Process. ,2007, 55 (8):4139 - 4150.

[10] RINGELSTEIN J, GERSHMAN A B, BOHME J F. Direction finding in random inhomogeneous media in the presence of multiplicative noise [J]. IEEE Signal Process. Lett. ,2000, 7 (10):269 - 272.

[11] LEE J H,WANG C C. Adaptive array beamforming with robust capabilities under random sensor position errors[J]. IEE Proc. Radar Sonar Navig. ,2005,152 (6):383 - 390.

[12] WIDROW B, DUVALL K M, GOOCH R P, et al. Signal cancellation phenomena in adaptive antennas: causes and cures[J]. IEEE Trans. Antennas Propagat. ,1982, 30 (3):469 - 478.

[13] FORST O L. An algorithm for linearly constrained adaptive processing [J]. Proc. IEEE. ,1972, 60 (8):926 - 935.

[14] COX H, ZESKIND R M, OWEN M H. Robust adaptive beamforming [J]. IEEE Trans. Acoust. , Speech, Signal Process. ,1987, 35 (10): 1365 - 1376.

[15] VOROBYOV S A, GERSHMAN A B, LUO Z Q. Robust adaptive

beamforming using worst-case performance optimization: a solution to the signal mismatch problem[J]. IEEE Trans. Signal Process. ,2003, 51 (2):313 - 324.

[16] KHABBAZIBASMENJ A, VOROBYOV S A, HASSANIEN A. Robust adaptive beamforming based on steering vector estimation with as little as possible prior information[J]. IEEETrans. Signal Process. , 2012,60 (6):2974 - 2987.

[17] LI J, STOICA P, WANG Z. On robust Capon beamforming and diagonal loading[J]. IEEE Trans. Signal Process. ,2003, 51 (7):1702 - 1715.

[18] GU Y, LESHEM A. Robust adaptive beamforming based on interference covariance matrix reconstruction and steering vector estimation [J]. IEEE Trans. Signal Process. , 2012,60 (7):3881 - 3885.

[19] ZHANG Z Y, LIU W, LENG W,et al. Interference-plus-Noise covariance matrix reconstruction via spatial power spectrum sampling for robust adaptive beamforming[J]. IEEE Signal Process. Lett. ,2016, 23 (1):121 - 125.

[20] RIBA J, GOLDBERG J, VAZQUEZ G. Robust beamforming for interference rejection in mobile communications[J]. IEEE Trans. Signal Process. ,1997,45 (1):271 - 275.

[21] GUERCI J R. Theory and application of covariance matrix tapers for robust adaptive beamforming[J]. IEEE Trans. Signal Process. ,1999, 47 (4):977 - 985.

[22] MAO X J, LI W X, LI Y S, et al. Robust adaptive beamforming against signal steering vector mismatch and jammer motion[J]. Int. J. Antennas Propag. , 2015,1:1 - 3.

[23] GERSHMAN A B, NICKEL U, BOHME J F. Adaptive beamforming algorithms with robustness against jammer motion[J]. IEEE Trans. Signal Process. ,1997, 45 (7) :1878 - 1885.

[24] GERSHMAN A B, NEMETH E, BOHME J F. Experimental performance of adaptive beamforming in a sonar environment with a towed

array and moving interfering sources[J]. IEEE Trans. Signal Process., 2000,48 (1):246-250.

[25] VOROBYOV S A, GERSHMAN A B, LUO Z Q, et al. Adaptive beamforming with joint robustness against mismatched signal steering vector and interference nonstationarity [J]. IEEE Signal Process. Lett., 2004,11 (2):108-111.

[26] ZHANG L, LI B, HUANG L, et al. Robust minimum dispersion distortionless response beamforming against fast-moving interferences[J]. Signal Process., 2017,140:190-197.

[27] LAM C J, SINGER A C. Adaptive Bayesian beamforming for steering vector uncertainties under order recursive implementation[C]// IEEE Int. Conf. Acoust., Speech, Signal Process., Toulouse, France, May 2006: 997-1000.

[28] BESSON O, BIDON S. Bayesian robust adaptive beamforming based on random steering vector with Bingham prior distribution[C]// 2013 IEEE Int. Conf. Acoust., Speech, Signal Process., 2013: 3791-3795.

[29] BELL K L, EPHRAIM Y, VAN TREES H L. A Bayesian approach to robust adaptive beamforming[J]. IEEE Trans. Signal Process., 2000, 48 (2):386-398.

[30] LAM C J, SINGER A C. Bayesian beamforming for DOA uncertainty: theory and implementation[J]. IEEE Trans. Signal Process., 2006,54 (11):4435-4445.

[31] BESSON O, BIDON S. Robust adaptive beamforming using a Bayesian steering vector error model[J]. Signal Process., 2013, 93 (12):3290-3299.

[32] QI Y, LIU D, DUNSON D, et al. Multi-task compressive sensing with Dirichlet process priors[C]// 25th Int. Conf. Machine Learn., New York, NY, USA, 2008:768-775.

[33] BLEI D M, JORDAN M I. Variational inference for Dirichlet process mixtures[J]. Bayesian Anal, 2006,1 (1):121-143.

[34] HONG Y J, YEH C C, UCCI D R. The effect of a finite-distance signal

source on a far-field steering Applebaum array-two dimensional array case[J]. IEEE Trans. Antennas Propagat. ,1988, 36 (4):468 - 475.

[35] GERSHMAN A B, TURCHIN V I, ZVEREV V A. Experimental results of localization of moving underwater signal by adaptive beamforming[J]. IEEE Trans. Signal Process. ,1995, 43 (10):2249 - 2257.

[36] GOLDBERG J, MESSER H. Inherent limitations in the localization of a coherently scattered source[J]. IEEE Trans. Signal Process. ,1998, 46 (12):3441 - 3444.

[37] BESSON O, STOICA P. Decoupled estimation of DOA and angular spread for a spatially distributed source[J]. IEEE Trans. Signal Process. ,2000, 48 (7):1872 - 1882.

[38] ESCOBAR M D, WEST M. Bayesian density estimation and inference using mixtures[J]. J. Am. Statistical Assoc. , 1995, 90 (430) : 577 - 588.

[39] TZIKAS D G, LIKAS C L, GALATSANOS N P. The variational approximation for Bayesian inference[J]. IEEE Signal Process. Mag. , 2008,25 (6):131 - 146.

[40] BEAL M J. Variational algorithms for approximate Bayesian inference [D]. London: Univ. College London, 2004.

[41] OLVER F W, LOZIER D W, BOISVERT R F,et al. The NIST handbook of mathematical functions[M]. New York:Cambrige University Press, 2010.

[42] YANG J, YANG Y. Sparse Bayesian DOA estimation using hierarchical synthesis lasso priors for off-grid signals[J]. IEEE Trans. Signal Process. ,2020, 68:872 - 884.

[43] JI S, XUE Y, CARIN L. Bayesian compressive sensing[J]. IEEE Trans. Signal Process. ,2008, 56 (6):2346 - 2356.

[44] ZHANG Z, RAO B D. Extension of SBL algorithms for the recovery of block sparsesignals with intra-block correlation[J]. IEEE Trans. Signal Process. ,2013, 61 (8):2009 - 2015.

[45] FERGUSON T S. A Bayesian analysis of some nonparametric problems [J]. Ann. Statist. ,1973,1 (2):209 - 230.

[46] SETHURAMAN J. A constructive definition of Dirichlet priors[J]. Statist. Sinica. ,1994, 4 (2):639 - 650.

[47] TEH Y W, JORDAN M I, BEAL M J, et al. Hierarchical Dirichlet processes[J]. J. Amer. Statist. Assoc. ,2006,101 (476): 1566 - 1581.

第7章 总 结

本书的主要创新性工作和所取得的研究成果主要包括以下几个方面：

(1)笔者提出一种基于贝叶斯EM准则的非均匀直线阵DOA估计方法，以实现在信号缺失(对应均匀直线阵部分阵元输出信号缺失)情况下的高效DOA估计。该算法的创新点包括：①针对非均匀直线阵(可以看作是均匀直线阵的部分阵元失效)信号模型，利用迭代插值重构出具有更多阵元数的均匀直线阵输出数据，获得孔径扩展，提高阵列的方位分辨能力；②基于SBL理论，采用EM准则迭代优化稀疏测量矩阵，充分利用观测数据的统计特性，细化参数估计结果，减小估计误差；③无须预先估计入射信号个数，可适用于相干入射信号的的DOA估计问题，具有广泛的应用价值。此外，笔者还提出了一种基于变分贝叶斯推断的稀疏阵DOA估计方法，以提高在低信噪比、小快拍数情形下DOA估计的精度以及算法的收敛速度。该算法的创新点包括：①采用矢量化建模，将多测量矢量模型转变为单测量矢量模型，大大降低了模型维度，在运算量和稀疏重构速度上得到改善；②采用分层先验模型描述未知参数的统计特性，利用变分贝叶斯学习算法获得参数的近似后验概率分布，避免了复杂的数值求解，降低算法复杂度，提高算法收敛速度。

(2)笔者提出一种基于HSL先验模型的离格稀疏贝叶斯DOA估计方法。该方法首先根据入射信号在空域内稀疏分布的特点建立稀疏信号模型，其次对模型中各变量进行概率假设构建HSL先验模型，继而采用变分推断算法得到概率模型中未知参数的更新公式，在赋予概率模型中未知参数初值后，以迭代更新的方式对阵列的输出数据进行处理，计算得到模型参数的估计值，最后利用得到的参数估计值，采用一维搜索的方法计算DOA估计值。当存在离格误差时，通过所设计的一维搜索方法计算得到精确的DOA估计值，而不需要在建立分层概率模型时引入离格误差，更不需要在参数估计过程中对离格误差进行估计。

本发明所提方法不仅构建了更优的稀疏诱导概率模型，而且设计了一个一维搜索过程用于精确计算 DOA 的估计结果，以获得优于传统 SBL 类 DOA 估计方法的估计性能。

(3)笔者研究了相关信号的离格 DOA 估计问题。笔者考虑了稀硫信号向量中非零元素间的相关性，并针对其设计适宜先验概率模型，以得到包含信号相关信息的稀疏重构框架，因此，笔者所设计的分层贝叶斯模型同时体现了信号的相关先验和稀疏先验。笔者还利用变分贝叶斯推断准则得到各隐变量后验概率的估计公式，并通过最大化局域边缘似然函数的技术手段消除格点误差的影响。笔者所提出的 CASBL 算法无须设置复杂的用户参数，能自适应学习信号的内部结构特征。仿真结果表明，与传统算法相比，CASBL 算法在非理想信号环境(如低 SNR、小快拍数和空间邻近信号)中具有更高的测向精度。

(4)笔者提出一种空间色噪声环境下相干信号的迭代 DOA 估计方法。笔者基于入射信号的空域稀疏分布特性，利用 SBL 方法进行稀疏谱估计，并计算稀疏信号模型中的离格误差，修正 DOA 粗估值，降低因空域离散化引入的离格误差的影响。在建立概率模型时，笔者不仅利用更加灵活的混合高斯先验分布来表征入射信号在时域上的相关性，还利用 Wishart 先验分布来表示未知噪声精度矩阵的统计特性，使得概率模型更切合实际。在计算概率模型中的未知变量时，笔者采用变分推断方法进行近似估计，避免进行复杂的积分运算。以上特点使得笔者所提方法的测向性能要优于其他传统 SBL 类方法。

(5)笔者提出一种平稳干扰环境下的贝叶斯稳健波束形成方法，依据贝叶斯机器学习技术在对混合信号中各个分量特征重构性能方面所具有的优势，建立以高精度空域滤波器参数估计为目的的稳健波束形成理论框架。该框架中引入了对接收信号各分量空域特征进行概率建模的步骤，其重要性体现在以下两个方面：①对观测数据的分层概率建模过程实质上是利用一组合理先验分布达到对观测数据的最佳拟合，这一过程较好地利用了观测数据中各信号分量的结构特征，具有与极大似然类方法类似的原理，但高效的参数估计算法的使用能够显著改善波束形成过程的计算效率；②各信号分量的结构信息包含在用于空域滤波器参数估计的分层概率模型中，该模型中先验分布参数能够依据实际信号环境进行自适应调整，从而使阵列波束形成方法更好地适应不同信号环境中的处理需求。此外，笔者还提出综合利用不同模型所得观测数据提取感兴趣目标信息的贝叶斯联合重构方法，即非参数化贝叶斯方法-狄利克雷过程，以增强对运动干扰环境的适应能力，有效改善基于单一观测模型的数据重构方法的精度。在参数估计过程中，笔者采用交替迭代优化的方法，实现滤波器参数的联合估计，其优势在参数估计方面的表现是由凸近似所带来的局部极值解减少，以及在适宜样本数和信噪比条件下，其在保证全局收敛的基础上估计精度更好地逼近相应的理论下界。笔者所采用的技术途径可根据观测数据的结构特性对其进行自动聚类(类别属性由狄利克雷过程中的混合因子标识)，因此能够有效利用不同时刻观测数据之间共同的空域结构这一内在联系，改善贝叶斯权系数的重构精度。

附　　录

附录A　式(5－25)所示最优变分后验分布的推导

固定式(5－22)中与$\boldsymbol{\mu}_k$和$\boldsymbol{\Lambda}_k$有关的项，即可得到如下近似后验分布$q(\boldsymbol{\mu}_k,\boldsymbol{\Lambda}_k)$：

$$
\begin{aligned}
\ln q^*(\boldsymbol{\mu}_k,\boldsymbol{\Lambda}_k) &= \sum_{n=1}^{N}\langle z_{nk}\rangle_{q(\mathbf{Z})}\langle \mathcal{CN}(\overline{\boldsymbol{x}}(n)\mid\boldsymbol{\mu}_k,\boldsymbol{\Lambda}_k^{-1})\rangle_{q(\overline{\boldsymbol{X}})}+\\
&\ln\mathcal{CN}(\boldsymbol{\mu}_k\mid\boldsymbol{m}_0,(\beta_0\boldsymbol{\Lambda}_k)^{-1})+\sum_{i=1}^{D}(a_{ki}-1)\ln\eta_{ki}-\sum_{i=1}^{D}b_{ki}\eta_{ki}+\text{const}\\
&=\sum_{n=1}^{N}r_{nk}[\ln|\boldsymbol{\Lambda}_k|-\langle(\overline{\boldsymbol{x}}(n)-\boldsymbol{\mu}_k)^{\mathrm{H}}\boldsymbol{\Lambda}_k(\overline{\boldsymbol{x}}(n)-\boldsymbol{\mu}_k)\rangle]+\\
&\ln|\boldsymbol{\Lambda}_k|-(\boldsymbol{\mu}_k-\boldsymbol{m}_0)^{\mathrm{H}}\beta_0\boldsymbol{\Lambda}_k(\boldsymbol{\mu}_k-\boldsymbol{m}_0)+\sum_{i=1}^{D}(a_{ki}-1)\ln\eta_{ki}-\\
&\sum_{i=1}^{D}b_{ki}\eta_{ki}+\text{const}
\end{aligned}
\tag{F-1}
$$

提取出式(F－1)右边与$\boldsymbol{\mu}_k$有关的项，以得到$\boldsymbol{\mu}_k$所服从分布的明确表达式：

$$
\begin{aligned}
&\ln q^*(\boldsymbol{\mu}_k\mid\boldsymbol{\Lambda}_k)\\
&=-\sum_{n=1}^{N}r_{nk}\langle(\overline{\boldsymbol{x}}(n)-\boldsymbol{\mu}_k)^{\mathrm{H}}\boldsymbol{\Lambda}_k(\overline{\boldsymbol{x}}(n)-\boldsymbol{\mu}_k)\rangle-(\boldsymbol{\mu}_k-\boldsymbol{m}_0)^{\mathrm{H}}\beta_0\boldsymbol{\Lambda}_k(\boldsymbol{\mu}_k-\boldsymbol{m}_0)\\
&=-\boldsymbol{\mu}_k^{\mathrm{H}}[\beta_0\boldsymbol{\Lambda}_k+\boldsymbol{\Lambda}_kN_k]\boldsymbol{\mu}_k+2\boldsymbol{\mu}_k^{\mathrm{H}}[N_k\boldsymbol{\Lambda}_k\boldsymbol{x}_k+\beta_0\boldsymbol{\Lambda}_k\boldsymbol{m}_0]+\text{const}
\end{aligned}
\tag{F-2}
$$

推导式(F-2)利用了式(5-19)和式(5-20)的结果。根据式(F-2)可知，$\ln q^*(\boldsymbol{\mu}_k|\boldsymbol{\Lambda}_k)$是关于$\boldsymbol{\mu}_k$的二次函数，因此$q^*(\boldsymbol{\mu}_k|\boldsymbol{\Lambda}_k)$服从高斯分布：

$$q^*(\boldsymbol{\mu}_k|\boldsymbol{\Lambda}_k)=\mathcal{CN}(\boldsymbol{\mu}_k|\boldsymbol{m}_k,(\beta_k\boldsymbol{\Lambda}_k)^{-1}) \tag{F-3}$$

式中：$\beta_k=\beta_0+N_k$；$\boldsymbol{m}_k=\frac{1}{\beta_k}[N_k\tilde{\boldsymbol{x}}_k+\beta_0\boldsymbol{m}_0]$。随后，可利用概率乘法运算规则按下式确定后验分布$q^*(\boldsymbol{\Lambda}_k)$的形式：$\ln q^*(\boldsymbol{\Lambda}_k)=\ln q^*(\boldsymbol{\mu}_k,\boldsymbol{\Lambda}_k)-\ln q^*(\boldsymbol{\mu}_k|\boldsymbol{\Lambda}_k)$，所得结果为

$$\begin{aligned}\ln q^*(\boldsymbol{\Lambda}_k)=&\sum_{n=1}^{N}r_{nk}[\ln|\boldsymbol{\Lambda}_k|-\langle(\overline{\boldsymbol{x}}(n)-\boldsymbol{\mu}_k)^{\mathrm{H}}\boldsymbol{\Lambda}_k(\overline{\boldsymbol{x}}(n)-\boldsymbol{\mu}_k)\rangle]+\ln|\boldsymbol{\Lambda}_k|-\\&(\boldsymbol{\mu}_k-\boldsymbol{m}_0)^{\mathrm{H}}\beta_0\boldsymbol{\Lambda}_k(\boldsymbol{\mu}_k-\boldsymbol{m}_0)+\sum_{i=1}^{D}(a_{ki}-1)\ln\eta_{ki}-\sum_{i=1}^{D}b_{ki}\eta_{ki}-\\&\ln|\boldsymbol{\Lambda}_k|+(\boldsymbol{\mu}_k-\boldsymbol{m}_k)^{\mathrm{H}}\beta_k\boldsymbol{\Lambda}_k(\boldsymbol{\mu}_k-\boldsymbol{m}_k)+\mathrm{const}\\=&\sum_{i=1}^{D}\left\{\begin{aligned}&N_k\ln\eta_{ki}-\sum_{n=1}^{N}r_{nk}\eta_{ki}(\boldsymbol{\mu}_{\overline{x}(n)}-\boldsymbol{\mu}_k)_i(\boldsymbol{\mu}_{\overline{x}(n)}-\boldsymbol{\mu}_k)_i^*\\&-\sum_{n=1}^{N}r_{nk}(\Sigma_{\overline{\boldsymbol{X}}})_{ii}\eta_{ki}\\&-\beta_0(\boldsymbol{\mu}_k-\boldsymbol{m}_0)_i\eta_{ki}(\boldsymbol{\mu}_k-\boldsymbol{m}_0)_i^*+(a_{ki}-1)\ln\eta_{ki}\\&-b_{ki}\eta_{ki}+(\boldsymbol{\mu}_k-\boldsymbol{m}_k)_i\beta_k\eta_{ki}(\boldsymbol{\mu}_k-\boldsymbol{m}_k)_i^*\end{aligned}\right\}+\mathrm{const}\end{aligned} \tag{F-4}$$

推导过程中利用了如下结果：

$$\begin{aligned}\sum_{n=1}^{N}r_{nk}\boldsymbol{\mu}_{\overline{x}(n)}\boldsymbol{\mu}_{\overline{x}(n)}^{\mathrm{H}}&=\sum_{n=1}^{N}r_{nk}(\overline{\boldsymbol{x}}(n)-\boldsymbol{x}_k)(\overline{\boldsymbol{x}}(n)-\boldsymbol{x}_k)^{\mathrm{H}}+N_k\boldsymbol{x}_k\boldsymbol{x}_k^{\mathrm{H}}\\&=N_k\boldsymbol{S}_k+N_k\boldsymbol{x}_k\boldsymbol{x}_k^{\mathrm{H}}\end{aligned} \tag{F-5}$$

根据以上分析结果可知$q^*(\boldsymbol{\Lambda}_k)$服从伽马分布：

$$q^*(\boldsymbol{\Lambda}_k)=\prod_{i=1}^{D}q^*(\eta_{ki})=\prod_{i=1}^{D}\mathrm{Gamma}(\eta_{ki}|\tilde{a}_{ki},\tilde{b}_{ki})$$

式中：$\tilde{a}_{ki}=N_k+a_{ki}$；$\tilde{b}_{ki}=b_{ki}+\left[N_k\boldsymbol{S}_k+\frac{\beta_0N_k}{\beta_0+N_k}(\tilde{\boldsymbol{x}}_k-\boldsymbol{m}_0)(\tilde{\boldsymbol{x}}_k-\boldsymbol{m}_0)^{\mathrm{H}}\right]_{ii}+\sum_{n=1}^{N}r_{nk}(\Sigma_{\overline{\boldsymbol{X}}})_{ii}$。

附录B　式(6－15)中积分项的近似计算

笔者在本附录中给出贝叶斯权向量的近似计算方法。对任意实随机向量 $\boldsymbol{u}$ 来说，假设其服从高斯分布，概率密度函数以 $p(\boldsymbol{u})$ 表示，其均值为 $\bar{\boldsymbol{u}}$，协方差矩阵为$\boldsymbol{C}_u$。若我们想计算下式所示积分的值：

$$I_u=\int f(\boldsymbol{u})p(\boldsymbol{u})\mathrm{d}\boldsymbol{u} \tag{F-6}$$

式中：$f(\cdot)$ 表示复向量 $\boldsymbol{u}$ 的实值标量映射函数。

为实现此目标，须对函数 $f(\cdot)$ 在点 $\bar{\boldsymbol{u}}$ 处进行二阶泰勒近似：

$$f(\boldsymbol{u})\approx f(\bar{\boldsymbol{u}})+\frac{\partial f}{\partial \boldsymbol{u}^{\mathrm{T}}}\bigg|_{\bar{\boldsymbol{u}}}(\boldsymbol{u}-\bar{\boldsymbol{u}})+\frac{1}{2}(\boldsymbol{u}-\bar{\boldsymbol{u}})^{\mathrm{T}}\frac{\partial^2 f}{\partial \boldsymbol{u}\partial \boldsymbol{u}^{\mathrm{T}}}\bigg|_{\bar{\boldsymbol{u}}}(\boldsymbol{u}-\bar{\boldsymbol{u}}) \tag{F-7}$$

根据式(F－7)所示近似结果可得

$$I_u\approx f(\bar{\boldsymbol{u}})+\frac{1}{2}\mathrm{Tr}\{\boldsymbol{H}\boldsymbol{C}_u\} \tag{F-8}$$

其中，在点 $\bar{\boldsymbol{u}}$ 处计算出的 Hessian 矩阵可表示为 $\boldsymbol{H}$。

若考虑计算下列含复向量 $\boldsymbol{v}$ 的积分式 $I_k=\int f_k(\boldsymbol{v})\tilde{p}(\boldsymbol{v})\mathrm{d}\boldsymbol{v}$ 的数值，其中

$$f_k(\boldsymbol{v})=\frac{v_k}{1+\delta_s^{-2}\boldsymbol{v}^{\mathrm{H}}\boldsymbol{\Lambda}\boldsymbol{v}} \tag{F-9}$$

v_k 是$\boldsymbol{v}$ 的第k 个元素，则须利用表达式 $\boldsymbol{u}=[\mathrm{Re}(\boldsymbol{v})^{\mathrm{T}}\ \mathrm{Im}(\boldsymbol{v})^{\mathrm{T}}]^{\mathrm{T}}$ 和复运算求导法则对式(F－8)进行改进，得到

$$I_v\approx f(\boldsymbol{\mu}_v)+\mathrm{Tr}\left\{\frac{\partial^2 f}{\partial \boldsymbol{v}\partial \boldsymbol{v}^{\mathrm{H}}}\bigg|_{\boldsymbol{\mu}_v}\boldsymbol{C}_v\right\} \tag{F-10}$$

其中，$\boldsymbol{\mu}_v$ 是$\boldsymbol{v}$ 的后验均值，$\boldsymbol{C}_v$ 可通过引入 Watson 分布的二阶后验矩得到，如下式所示：

$$\boldsymbol{C}_v=E_{\tilde{p}(v)}[\boldsymbol{v}\boldsymbol{v}^{\mathrm{H}}]-\boldsymbol{\mu}_v\boldsymbol{\mu}_v^{\mathrm{H}}=(\vartheta(\beta_v\lambda)-1)\boldsymbol{\mu}_v\boldsymbol{\mu}_v^{\mathrm{H}} \tag{F-11}$$

其中，$\beta_v\lambda$ 表示后验聚焦参数，

$$\vartheta(\beta_v\lambda)=\frac{\partial}{\partial\beta_v\lambda}\left(\ln\frac{1}{c_p(\beta_v\lambda)}\right) \tag{F-12}$$

以上结果表明，f_k 关于$\boldsymbol{v}$ 的一阶和二阶求导结果可被分别表示为

$$\frac{\partial f_k}{\partial \boldsymbol{v}}=\frac{\boldsymbol{e}_k-v_k\delta_s^{-2}\boldsymbol{\Lambda v}}{(1+\delta_s^{-2}\boldsymbol{v}^{\mathrm{H}}\boldsymbol{\Lambda v})^2} \tag{F-13}$$

$$\frac{\partial^2 f_k}{\partial \boldsymbol{v}\partial \boldsymbol{v}^{\mathrm{H}}}=-\frac{\delta_s^{-2}[v_k\boldsymbol{\Lambda}+\boldsymbol{\Lambda v e}_k^{\mathrm{H}}]}{(1+\delta_s^{-2}\boldsymbol{v}^{\mathrm{H}}\boldsymbol{\Lambda v})^2}-\frac{4(\boldsymbol{e}_k-v_k\delta_s^{-2}\boldsymbol{\Lambda v})\delta_s^{-2}\boldsymbol{v}^{\mathrm{H}}\boldsymbol{\Lambda}}{(1+\delta_s^{-2}\boldsymbol{v}^{\mathrm{H}}\boldsymbol{\Lambda v})^3} \tag{F-14}$$

对$\boldsymbol{e}_k$来说，其第k个元素为1，其余元素均为0，由此可得

$$\mathrm{Tr}\left\{\left.\frac{\partial^2 f_k}{\partial \boldsymbol{v}\partial \boldsymbol{v}^{\mathrm{H}}}\right|_{\boldsymbol{\mu}_v}\boldsymbol{C}_v\right\}=-\frac{\delta_s^{-2}\mathrm{Tr}\{\boldsymbol{\Lambda C}_v\}(\boldsymbol{\mu}_v)_k}{(1+\delta_s^{-2}\boldsymbol{\mu}_v^{\mathrm{H}}\boldsymbol{\Lambda\mu}_v)^2}-$$

$$\frac{4\delta_s^{-2}\boldsymbol{\mu}_v^{\mathrm{H}}\boldsymbol{\Lambda C}_v[\boldsymbol{e}_k-(\boldsymbol{\mu}_v)_k\delta_s^{-2}\boldsymbol{\Lambda\mu}_v]}{(1+\delta_s^{-2}\boldsymbol{\mu}_v^{\mathrm{H}}\boldsymbol{\Lambda\mu}_v)^3}-\frac{\delta_s^{-2}\boldsymbol{e}_k^{\mathrm{H}}\boldsymbol{C}_v\boldsymbol{\Lambda\mu}_v}{(1+\delta_s^{-2}\boldsymbol{\mu}_v^{\mathrm{H}}\boldsymbol{\Lambda\mu}_v)^2} \tag{F-15}$$

因此

$$I_k\approx\frac{(\boldsymbol{\mu}_v)_k}{1+\delta_s^{-2}\boldsymbol{\mu}_v^{\mathrm{H}}\boldsymbol{\Lambda\mu}_v}+\mathrm{Tr}\left\{\left.\frac{\partial f_k^2}{\partial \boldsymbol{v}\partial \boldsymbol{v}^{\mathrm{H}}}\right|_{\boldsymbol{\mu}_v}\boldsymbol{C}_v\right\} \tag{F-16}$$

针对$k=1,\cdots,N$分别计算式(F-16)的值，并将所得结果排成列向量，可得

$$\int\frac{\boldsymbol{v}}{1+\delta_s^{-2}\boldsymbol{v}^{\mathrm{H}}\boldsymbol{\Lambda v}}\tilde{p}(\boldsymbol{v})\mathrm{d}\boldsymbol{v}\approx\alpha\boldsymbol{\mu}_v+\eta\boldsymbol{C}_v\boldsymbol{\Lambda\mu}_v \tag{F-17}$$

其中

$$\alpha=\frac{1}{1+\delta_s^{-2}\boldsymbol{\mu}_v^{\mathrm{H}}\boldsymbol{\Lambda\mu}_v}+\frac{(\boldsymbol{\mu}_v)_k}{1+\delta_s^{-2}\boldsymbol{\mu}_v^{\mathrm{H}}\boldsymbol{\Lambda\mu}_v}-\frac{\delta_s^{-2}\mathrm{Tr}\{\boldsymbol{\Lambda C}_v\}}{(1+\delta_s^{-2}\boldsymbol{\mu}_v^{\mathrm{H}}\boldsymbol{\Lambda\mu}_v)^2}+\frac{4\delta_s^{-4}\boldsymbol{\mu}_v^{\mathrm{H}}\boldsymbol{\Lambda C}_v\boldsymbol{\Lambda\mu}_v}{(1+\delta_s^{-2}\boldsymbol{\mu}_v^{\mathrm{H}}\boldsymbol{\Lambda\mu}_v)^3} \tag{F-18}$$

$$\eta=-\frac{\delta_s^{-2}}{(1+\delta_s^{-2}\boldsymbol{\mu}_v^{\mathrm{H}}\boldsymbol{\Lambda\mu}_v)^2}-\frac{4\delta_s^{-2}}{(1+\delta_s^{-2}\boldsymbol{\mu}_v^{\mathrm{H}}\boldsymbol{\Lambda\mu}_v)^3} \tag{F-19}$$